果树容器大苗培育及高效建园技术

高效建园技术

吕英忠　主编

中国农业出版社

北京

U0658950

图书在版编目（CIP）数据

果树容器大苗培育及高效建园技术 / 吕英忠主编.
北京：中国农业出版社，2025.7. --（育苗实用技术丛
书）. -- ISBN 978-7-109-33487-8

Ⅰ. S660.4

中国国家版本馆CIP数据核字第20257Z8K51号

中国农业出版社出版

地址：北京市朝阳区麦子店街18号楼
邮编：100125
责任编辑：郭　科
版式设计：杨　婧　责任校对：赵　硕
印刷：北京印刷集团有限责任公司
版次：2025年7月第1版
印次：2025年7月北京第1次印刷
发行：新华书店北京发行所
开本：880mm×1230mm 1/32
印张：8.25
字数：235千字
定价：58.00元

果树容器大苗培育及高效建园技术 ■ ■ ■

主　编　吕英忠

副主编　李俞昕　黄军保　康海峰

编　者（以姓氏笔画为序）

王海松　王新平　吕英忠　李　卓

李俞昕　杨明霞　张拥兵　张晓伟

赵龙龙　黄军保　康海峰　梁志宏

董志刚

20世纪60年代，以穴盘育苗为代表的容器育苗技术在欧美农业发达国家迅速推广，并形成规模化商品苗的生产和供应。20世纪80年代中期，穴盘育苗技术正式引进我国，并逐步在蔬菜、花卉、林业、果树领域推广应用，且发展速度非常迅速。随着科学技术水平的提高，以及现代化果园建设的要求，果树生产对高质量苗木的需求与日俱增，进一步加快了容器苗的发展，使容器育苗成为当今世界各国研究应用较多的新兴育苗方式，果树苗木容器化培育正作为一种新型的栽培模式展现出广阔的发展前景。

近几十年来，研究人员卓有成效的科学探索与实践，为容器育苗技术积累了大量的实践经验。目前，在我国"退林还耕""果树上山、上坡、下滩"政策以及乡村全面振兴新实践的背景下，需要因地制宜利用丘陵山地、沙坡地与土壤瘠薄地发展高值农业、生态农业、现代农业，因此，对大苗培育、移栽和恶劣环境下的果园建立有明显优势的容器育苗技术越来越受到重视。

山西农业大学果树研究所在此基础上结合果树育苗成果及丰富的果园管理经验，将果树新品种早果丰产栽培技术与容器育苗进行有机结合，以培育容器大苗建园为目标，初步探索总结出一整套拥有自主知识产权品种的果树容器大苗培育技术，旨在探明这些新品种苗木在控根容器条件下的生长发育规律及早果丰产配套栽培技术。目前，经过不断的推广实践，已为果树生产及新品种推广提供了新的栽培管理模式及渠道，为现代果业发展提供了有效的技术支撑。

编　者

2025年3月

Contents
目 录

第1章
容器育苗的发展及市场前景

01

1.1 容器育苗概述

容器育苗是林业生产上的一项先进育苗技术，也是育苗产业内的热门话题。容器苗与裸根苗的最大区别在于育苗过程中控根容器的使用。作为一种新型的育苗技术，容器育苗往往代表着现代化、标准化、设施化的生产模式。

1.1.1 容器苗的定义

容器苗是指林果苗木自繁育开始直至培育成大苗的过程都是在容器中进行，通过容器的不断变化、基质的不断改换来培育的一种苗木类型。容器栽培打破了传统育苗的局限性，是一种全新的生产方式和技术观念，它与地栽的区别不仅是把苗木从地里移植到容器中，最重要的是使用基质和调整水肥配比，为幼苗提供更理想的生长环境，以实现苗木的标准化和高度商品化（图1-1）。

容器和基质是容器育苗的关键，基质特性直接影响苗木根的分布和形态，以及地上部分的生长。由于容器育苗是在根系受限的容器内进行，根系不能通过延伸获得需要的水分和养分补充，只能从基质中获得或依靠外部供给。但是通过对容器苗进行有效管理，可以增加总根量和中细根的占比，增强根对矿物质和水分的吸收能力，因而在根系分布区域减少的情况下，容器苗仍然具有较高的生长潜力。因此，选择合适的容器和基质，在此基础上建立相应的育苗技术，可使得容器育苗事半功倍。换言之，容器育苗过程是容器、基

图 1-1　容器苗

质和相应栽培技术的有机结合。

1.1.2　容器苗的培育方式

播种育苗、移植育苗和扦插育苗是容器苗培育的三种主要方式。

（1）播种育苗。通过直接播种，将种子播到容器杯内的基质中进行苗木培育，主要用于培育容器小苗。

（2）移植育苗。将已经长根的苗木，无论是裸根苗还是容器苗移栽到合适的容器内进行苗木再培育，主要用于苗木类型的转换或培育更大规格的容器苗。

（3）扦插育苗。通过硬枝或嫩枝扦插方法，培育容器小苗。

1.1.3　容器苗的培育途径

露地培育和设施培育是容器苗培育的两种主要途径。

（1）露地培育。直接在大田育苗，不借助育苗设施进行苗木培育。

（2）设施培育。在日光温室、大棚等育苗设施下进行容器苗的培育。设施培育是目前主要的容器育苗途径。设施育苗可为苗木的生长发育提供较好的环境条件，有助于提高出苗率或扦插成活率，促进苗木生长。

　　容器苗是一种重要的苗木类型，虽然其培育技术要求和生产的前期成本高，但容器苗一年四季均可栽植，特别是高寒和干旱等困难地造林有较大优势，在林业生产上应与裸根苗的使用相互配合和补充，扬长避短，因时因地进行推广。

1.2　容器育苗的优势

　　容器育苗与传统的地栽苗木生产方式相比，具有较大的优势：

　　（1）育苗成苗率和苗木质量高。由于容器和营养基质经过消毒杀菌，容器育苗病虫害和杂草少，育苗条件可控性强，管理集中和精细。育苗基质会根据苗木特性进行配制，营养成分能最大程度地供应幼苗生长，成活率将近100%，栽植效果好，种植前不用修剪，可以一次成形，立竿见影。

　　（2）移栽成活率高。育苗容器内苗木的大量根系与基质紧密结合在一起，基质和根系不易分离，形成完整的根团，因而起苗时苗木不伤根，不散坨，可保持根系的完整性，移栽成活率高，移栽后基本没有缓苗期，苗木前期生长快（图1-2）。用容器苗建园成活率

图1-2　葡萄容器苗根系（左）与葡萄大田苗根系（右）

可达到95%，避免了补栽的麻烦；在寒冷、干旱地区建园，可以减少苗木越冬保护措施和灌水次数，建园优势更为明显。

（3）生产效率高。容器育苗采用精量播种，一次成苗，从基质混拌、装盘、播种、覆盖等一系列作业实现了自动控制，苗龄比常规苗缩短10～20d，劳动效率提高了5～7倍。常规育苗人均管理2.5万株，容器育苗人均管理15万株，由于机械化作业管理程度高，减轻了作业强度，减少了工作量，降低了育苗作业对人工的需求，仅相当于常规育苗工作量的1/10。

（4）生产条件灵活。容器苗大多在温室大棚中进行育苗，无须根据自然条件进行育苗，可以灵活调节环境的温湿度条件，无季节限制地供应园林绿化、果树苗木，满足反季节造林建园的市场需求。

（5）生产成本低。和常规育苗相比，生产成本可降低30%～50%。传统育苗方式需要投放较多的种苗才能保证成活率，容器育苗只需在各个容器投放1株苗即可，减少了苗种投入，可使培育成本降低。在容器基质填装、种子撒播、施肥浇水以及温度控制等方面进行机械化运转，如此能够大大降低容器育苗过程对人力的需求，并实现育苗质量的全面提升。

（6）缩短育苗周期。容器育苗利用一定的育苗设施和技术手段可缩短育苗周期。容器育苗不受季节限制，可以周年生产。大田育苗一般1年育苗1次，而容器育苗可1年育苗多次。

（7）便于规范化管理。容器育苗技术的应用可实现大规模苗木培育，在实际生产过程中能使用机械设备来进行操作，便于规范化管理。在缺少育苗技术的地区尤其适合。

（8）适合远距离运输。容器育苗以轻基质无土材料作为育苗基质。这些基质比重小、保水能力强，用其繁育的容器苗重量轻，形成的根坨不易散，基本不会对根部造成影响和伤害，可以保证运输过程中不死苗，适合远距离运输。

（9）实现可持续发展。传统的大田栽培苗木往往带走土球，导致土壤资源破坏。容器栽培可避免这一点，实现可持续发展。由于容器栽培是离地生产，因此可利用荒滩、盐碱地等不适合地栽的土地发展生产，降低土地成本。

1.3 容器育苗的发展

1.3.1 国外容器育苗的发展

（1）容器苗生产应用。容器育苗始于20世纪30年代的美国，在60年代由北欧国家发展起来，并在70年代由于塑料材料的出现和使用而迅速发展，自此各主要林业发达国家开始了规模化生产和应用，从而推动了容器育苗的发展。高纬度地区国家容器苗的生产量相对较大，发展得也最为成功，而在气候条件温和、造林条件较好的国家，容器苗的应用要少一些。据统计，1974年，瑞典的容器苗产量达1.5亿株，占其苗木总产量的40%，此后这一比例持续攀升，1985年达到60%，1987年跃升至80%；20世纪70年代末，挪威的容器苗产量占苗木总产量的50%左右；1985年，芬兰的容器苗产量已占产苗量的50%；1986年，南非和巴西的容器苗产量占比均高达90%；1973—1978年，美国的容器苗产量占比由2%增至4%，目前为17%；泰国的容器苗产量占比为30%；日本的容器苗产量目前不高。

为推广容器苗的生产发展，世界各国都重视容器育苗技术的研究和推广，先后针对容器类型、形状、规格、质地、水肥管理以及苗木生产规程等进行了大量试验研究，摸索出一系列技术方案。如美国林务局编写了容器育苗系列丛书，提到用火炬松容器苗进行造林；加拿大组织了容器育苗生产、栽植试验和设备开发系统研究；新西兰林业研究中心生产出了优质福寿木（辐射松）容器苗等。

（2）育苗基质。育苗基质的使用和研究有很长的历史，起初基质栽培只是应用于科学研究上，如早期植物营养学家和植物生理学家用沙砾来研究作物的养分吸收、生理代谢以及植物必需营养元素和生理障碍等。19世纪中期，德国科学家萨克斯和克诺普首创营养液配方并用此培养植物获得成功。1929年美国科学家格雷克成功利用营养液培育番茄，这是无土栽培技术走向生产的第一步。第二次世界大战期间无土栽培技术用于蔬菜生产，并且战后由于温室栽培出现严重病虫害和土壤盐渍化等问题，使得无土栽培技术迅速发展。蛭石被Woodcock（1946）用来作为兰花的栽培基质，随后可作为栽培用的固体基质很快扩展到石砾、陶粒、珍珠岩、岩棉、硅胶、离子交换树脂（如斑脱土、沸石及合成的树脂材料等）、泥炭、锯末、树皮、稻壳、泡沫塑料（酚醛泡沫）、炉渣以及一些混合基质。工厂化育苗最先使用的基质是岩棉。1970年丹麦开发出岩棉栽培技术和1973年英国温室作物研究所研究推出营养液膜技术，标志着育苗基质的应用走向成熟。1990年以后，稻壳、熏炭、沙、珍珠岩、纤维素、岩棉、泡沫塑料成为无土栽培基质的主要成分。

目前大多数基质由有机质和无机质组成，其中泥炭和蛭石的混合基质被认为是最理想的育苗基质，虽然它们的养分释放慢，具无肥或低肥性，但具有较强的阳离子交换能力，能够维持良好的养分储备。商业性开发的基质基本都含有其中一种或两种成分，目前国外大型专业化育苗工厂大多采用20世纪60～70年代的基质配方，如美国康奈尔大学60年代研制的复合基质A和B、加利福尼亚大学的VC培养土以及英国（1974）的GCRI混合物，这些混配基质均以草炭为主要成分。但国外大多数苗圃还是选用自配的基质，如瑞典采用的育苗基质主要是树皮、球果壳和泥炭。它是先将树皮、球果壳粉碎，掺入一定比例的泥炭，再按照树种的不同，加入适量氮、磷、钾及微量元素。

（3）育苗容器和设施。在20世纪70年代前半期，塑料工业的发展为容器的制作提供了廉价材料，不同类型、形状、规格和质地的容器相继问世，使得经济、耐用和方便的容器生产成为可能。几乎与此同时，与容器苗生产紧密相关的园艺设施在全世界的发展速度加快，并向材料结构现代化、环境自动化、规模面积大型化的方向发展。荷兰是同时期设施园艺的代表，其国内建有1.1亿 m^2 的温室，其中3/4以上用于基质栽培。荷兰自20世纪50年代从事育苗机械化技术研究，目前育苗基质制造、运输、播种、管理等工序，已实现流水线作业，全部工序由计算机控制，实现了自动化操作。进入20世纪90年代，容器育苗体系进一步得到完善，育苗机械化程度更高，育苗产品质量得到提升。值得一提的是容器育苗与设施作业相结合，全部工序实现机械化、连续化、光电控制自动化。与此同时，设施由小型、简易的塑料大棚转为可以控制温度、湿度、光照、灌溉的全自动化育苗温室。瑞典已基本实现利用容器苗装播作业线生产容器苗，极大地提高了容器苗的生产效率，降低了育苗成本；比利时、法国和挪威研制出全自动化网袋育苗基质生产线，速度快、产量高，并且可以压缩成小的基质块，用于林木和花卉的生产；澳大利亚研制出控根容器，可用于绿化大苗的生产。

总之，容器育苗技术发展迅速，容器苗已经成为各国造林中的一个主要苗木类型，并在造林实践中取得了很好的效果。目前在容器苗生产先进的国家，已形成一套从种条处理、苗木培育到造林的科学体系，容器育苗技术几乎在全世界绝大多数国家得到推广应用。

▌1.3.2　国内容器育苗的发展

（1）容器苗生产应用。我国从20世纪50年代开始进行容器苗生产，广东、广西、云南、福建等南方省份率先进行桉树、木麻黄、银合欢、相思等树种的容器苗培育，但发展较缓慢。直到70年代后期，才由南到北在全国范围内开始开展容器类型、基质配制及容器苗培育技术的研究。到了80年代，国外育苗温室的引进和塑料大棚的推出，进一步促进了我国容器育苗的发展，容器苗的应用不再局限于造林，还扩展到园林工程绿化、城市屋顶绿化和家居美化等更为广泛的领域。

在苗木生产或造林的重点地区，容器苗的发展更为突出。广东中山地区从20世纪90年代开始花灌木的容器苗生产，到2002年花灌木100%采用容器苗，2003年进行乔木容器苗的培育，2007年外销的乔木容器苗达到50%。浙江萧山2007年培育容器苗5 000万株。

2004—2007年，我国容器苗由40亿株递增到66亿株，平均每年增加8.66亿株。在促进生态建设、维护生态安全中，容器苗造林发挥了更大的优越性，因而愈发受到人们的重视，并被逐渐广泛推广应用。

（2）育苗基质。20世纪80年代中期，我国从美国和欧共体引进了穴盘育苗精量播种生产线，在京郊投入商业化生产。1991年工厂化育苗被农业部列为"八五"重点项目，"九五"期间国家科委对工厂化高效农业产业工程立项，其中育苗基质的研究是重要内容。在满足植物生长需要的前提下，选择资源丰富、价格便宜和容易获得的基质是容器苗发展的趋势。由于各地育苗种类、育苗条件、容器、基质成分的来源和经济状况的不同，使用的基质差异很大。马尾松容器苗可用泥炭土（98%）+过磷酸钙（2%）作为基质；马占相思容器苗可用黄心土（70%）+火烧土（28%）+过磷酸钙（2%）作为基质；加勒比松容器苗可用已充分腐熟的木糠和高质量的火烧土作为基质；红松容器苗可用草炭土+腐殖土作为基质；兴安落叶松容器苗可用苗圃表土（60%）+河沙（30%）+腐熟人粪尿（8%）+磷酸二铵（2%）作为基质；桉树容器苗扦插可用木糠（50%）+黄黏土（25%）+黄心土（25%）作为基质，也可用椰糠（20%）+红心土（78%）+火烧土（2%）作为基质。

近年来，由于农村经济的发展，农民利用农林废弃物作为生活燃料的需求减少，农村存在大量剩余的农林废弃物，对农林废弃物的处理引起人们的重视，如果将其作为基质的主要成分进行处理，不仅不会对环境造成污染，还可变废为宝，为容器苗生产提供大量和廉价的有机基质。各地都有不同且丰富的农林废弃物，可根据当地农林废弃物的理化特性，选择合适的处理方式，生产出适合当地林木生长的有机基质。

（3）育苗容器和设施。为了促进容器苗的生产并为其提供技术支持，近30年来国家组织了林木工厂化育苗技术及配套设备的科技攻关。在不同地区，针对不同树种开展了容器苗工厂化生产过程中有关基质配方、施肥技术、容器规格、病虫害防治以及温、光、气、水、湿等最佳环境因子等方面的研究，并在华南、华北、西北、东北分别建立了林木工厂化育苗示范基地，开发和推广出林木容器苗工厂化生产技术、林木组培苗工厂化生产技术和工厂化育苗生产技术的综合配套设备。其中牡丹江市林业管理局林业研究所和黑龙江造纸研究所研制出蜂窝纸杯；中国林业科学研究院林业科学研究所开发出聚苯乙烯泡沫塑料盘、网袋容器和农林废弃物处理等系列产品和技术；山西省林业科学研究院和广西壮族自治区林业科学研究院分别研制出蜂窝状塑料薄膜容器制作机和纸容器制作机；中国科学院石家庄农业现代化研究所研制开发了新型塑料大棚、温室及灌溉设备；广西壮族自治区林业科学研究院研制出了容器育苗装播作业线，可一次完成装填营养土、压实、冲穴、播种、覆土等多道工序，生产效率为1万杯/h；中国科学院长春地理研究所利用低位草本泥炭，配合成形固化剂、高吸水树脂以及植物必需的常量和微量元素，经高温赋形制成钵体与基质一体的新型育苗材料。

这些机械设备和产品在一定程度上促进了容器育苗自动化和机械化水平，但推广应用的范围还不够广，远没有达到规模化和商品化生产的程度。

1.3.3 容器育苗的市场前景

容器育苗拥有广阔的市场前景，然而，目前我国大面积应用容器苗仅有20多年的历史，市场占有率还不到10%。全国范围内只零星出现了一些容器育苗基地，尚未形成规模化生产和应用。当前园林绿化和生态环境建设步伐加快，尤其是房地产精品楼盘的园林施工、政府重点工程等高端市场容量增加，对优质苗木的需求越来越迫切。预计未来容器苗将逐渐增加市场占有量，达到苗木市场供应总量的10%～20%。这主要得益于政府重点工程和房地产精品工程对苗木质量和绿化效果形成速度的重视，而经济成本已不再是主要因素。在这些项目中，高质量、无季节限制的容器苗能够满足需求。此外，移栽或反季节种植时，苗木死亡率较高会直接影响工程成本，而容器苗具有接近100%的成活率，节省了补栽苗木带来的养护管理费用。容器育苗是育苗技术上的重大突破，该技术还可以保护珍贵植物，促进园林产业的发展。

　　目前国内的育苗和移栽大多数仍然沿用传统方法，苗木质量差，"三低"（成活率低、保存率低、效益低）的现象一直未有效解决。为了提高大苗移栽的成活率，现在经常使用的方法是每株树苗携带与冠径相应大小的土坨，并用草绳缠绕。但是这种方法不但费工耗时，而且不能100%保证成活率。在容器育苗过程中，相关技术人员的专业水平对苗木成活率影响甚大，技术人员对容器育苗技术认识不全面，就无法在培育时充分保护根系，导致苗木难以健康地生长。在近年来的城市建设中，大部分工程都是在每年的7～8月完工，错过了绿化的大好时机，为了达到一定的绿化效果，往往采取以栽植大量草花替代树木的办法，但是草花的生长期短，投入大，来年还需要重新栽种，造成了重复建设、重复投资的极大浪费现象，而容器育苗恰恰解决了反季节用苗这一问题。容器育苗在发达国家已有30多年的发展历史，是一种成熟的育苗方式。然而在我国，该技术正处于起步发展阶段，还未得到大规模推广应用。此外，在传统育苗过程中，树苗很大概率会出现卷根和片根的情况，导致林业育苗的质量较低。根据我国林业当前发展的形势来看，传统林业育苗方式已经难以适应社会发展的需求，创新与改进林业育苗技术已经成为必要任务。

　　尽管容器苗在中国的普及率较低，育苗技术存在流程复杂、成本较高、技术人员素质较低等问题，但其发展空间巨大。在一些发达国家中，容器苗生产率已经达到了80%，成为主要的育苗方式。而在中国，容器苗所占比例不足30%，仍有很大发展潜力。容器育苗已经成为困难立地造林建园不可或缺的技术手段，并且受到国家对农林业、生态和高新技术支持政策的积极影响。由于对苗木质量和移栽成活率的要求越来越高，高质量、无季节限制的容器苗成为造林建园的首选。

　　容器苗作为一种主要苗型，近年来在我国苗木生产上有扩大的趋势，在某些地区和某些特定的树种上已经占有相当比重，市场前景广阔。但由于容器育苗技术、设施条件和资金等方面的限制，目前多以阶段性的容器育苗为主，在整体上尚处于发展的初级阶段，还需要加强容器苗生产技术的系统研究和配套应用的研发工作。

1.4　容器育苗发展中的挑战

容器育苗是一种现代化的育苗方法，可以精确控制植物生长的环境条件，提高育苗的成功率，促进植物的健康生长，有效降低生产成本等。然而，尽管容器育苗在农业生产中有着广泛的应用前景，但目前在我国的农业生产中，容器育苗的使用仍存在一些问题和挑战。

（1）前期投入成本高。相比传统的土壤育苗方式，容器育苗需要投入更多的资金用于购买育苗容器、基质和育苗设备等。另外，选择机械设备育苗，要保证机械设备高效的应用效率，而这在当前比较困难。基质是制约容器苗推广的主要因素之一。现在容器育苗所需的容器供应已经不成问题，而基质的质量和数量却不能满足市场需要，无法结合苗木的生长情况灵活调整，一定程度上影响苗木的生长。用于容器育苗的经费投入很少，专业设备投入不足，专业的技术人员较少或者水平不够，科研与市场联系不够紧密，这是基质等配套技术及设施发展步调较慢的客观原因。这对于一些经济条件较差的农户来说，可能会增加他们采用容器育苗的难度。

（2）育苗技术要求高。容器育苗工作对育苗技术要求比较高。相比传统的土壤育苗方式，容器育苗需要农民掌握更多的育苗技术和管理知识。例如，需要掌握合适的育苗基质配方和使用方法，了解植物的生长需求，并且要及时调节育苗环境的温度、湿度等因素。当前有些育苗工作人员还存在着认知误区，在育苗过程中没有做好相应的保护工作，使幼苗的成活率受到影响。这对于一些农民来说，可能需要一定的培训和学习过程。目前国内部分企业虽然已经接受容器栽培的理念，但在实际生产中，由于使用基质的成本较高，育苗基质的选择和配制也具有一定的复杂性，并且需要根据育苗树种的生长特性科学合理地进行搭配，很多企业难以做到完全使用基质，而是在基质中加土，这样做会使水肥配比难以掌握，尤其是会带入病虫害，使苗木生长受到影响，产品质量难以保证。

（3）环境污染和资源浪费。容器育苗需要使用大量的塑料容器和基质等材料，这些材料难以降解，会产生一定的有害物质，污染环境，尤其是塑料容器的使用会增加塑料垃圾的产生量。同时，过多使用塑料容器也会浪费资源，造成资源的不合理利用。因此，在推广容器育苗的过程中，需要寻找环保和可持续发展的替代材料，减少对环境的负面影响。

（4）技术难题。由于容器育苗环境相对封闭，植物生长时容易出现病虫害问题。对于病虫害的防控，需要加强监测和管理，采取合适的防治措施。另外，容器育苗也容易出现植株根系腐烂问题，需要注意控制育苗基质水分和通气等因素，使培育基质具备良好的保湿性和透气性。还要根据苗木的生长特点和播种要求，选择适当的播种时间，控制好播种量，根据种子的大小和种植密度，控制每个容器的种子数量，在保证种植质量的前提下避免过度密植。

针对以上问题和挑战，可以采取一些措施来改善容器育苗的现状。首先，政府可以加大对容器育苗技术的支持和培训力度，加大容器育苗在设备上的投入，设置专门的教培人员帮助农民更好地掌握育苗技术和管理知识。其次，可以推广使用环保材料替代传统的塑料容器，减少环境污染和资源浪费。最后，加强病虫害监测和防治，提高容器苗的抗病虫害能力，也是关键的措施之一。

总的来说，容器育苗在我国农业中的应用仍处于发展阶段，面临巨大的挑战和问题。然而，随着育苗技术的不断进步和育苗经验的不断积累，相信容器育苗的应用前景会越来越广阔。

第2章
果树容器育苗技术

2.1　果树容器育苗概述

　　果树容器大苗是指果树自繁育开始直至培育成大苗的过程都是在容器中进行，通过容器的不断变化和基质的不断改变而培育的一种苗木类型。果树容器育苗通过控制土壤水分、温度和营养供应等条件，为果树苗木提供更好的生长环境，促进其健康生长，是容器育苗的一个分类。果树容器育苗始于20世纪80年代初，在21世纪初开始应用，近几年开始进入快速发展阶段。优良果树容器大苗的培育解决了果树生产中的许多难题，进一步丰富了果树的生产方式。随着果树设施栽培的推广，果树容器育苗也取得了较大的发展。

　　果树容器育苗即先将果树苗木预栽于容器中，通过配套的水肥管理措施与整形修剪，完成树形培养，能够直接用于快速建园，不仅节约土地，也有利于品种的更新换代，相比传统的田间土壤育苗，这种方法能够更好地控制环境条件，为苗木生长提供更合适的土壤和水分等，以及更好地保护苗木免受外界环境的干扰。果树容器育苗极大地提高了果树幼苗移栽的成活率以及缩短了幼苗生长期，节省了大量的人力成本和时间成本，还有利于对苗木进行科学管理，进而实现果园优质、高产、稳产的目标。

2.2　果树容器育苗的基本原理

　　果树容器育苗技术又称控根快速育苗技术，基本原理是一种以调控根系生长为核心的新型快速育苗技术，由控根快速育苗容器、专用基质、培育与管理技术三部分组成。在实际应用中还是习惯性沿用容器育苗作为统称。容器育苗技术具有明显的增根、控根和促长作用，使侧（须）根形状短而粗，数量多，总根量比常规育苗提高30～50倍。苗木的成活率几近100%，育苗周期缩短50%左右，可四季移栽，移栽时"不砍头"、不伤根，无须缓苗，后期管理工作量减少50%～70%，有利于培育大苗，以及在恶劣环境下植树建园。

果树容器育苗的核心技术包括圃地选择、容器选择、树种选择、幼树培育、水肥调控、适时移栽和树体管理等。这些因素直接影响容器大苗的生长发育和形态建成。

首先，相比传统容器来说，容器育苗技术的主要优势在于采用了轻质材料，不仅重量轻，还提高了稳固性。容器的种类繁多，其材质、规格、形态和功能都有很大的差别，要根据育苗树种、育苗期限、苗木规格、运输条件、栽培环境等因素选择合适的容器。

其次，育苗基质的合理配制是保证苗木健康生长的重要因素。优良的育苗基质能为幼苗提供生长所需的各种养分。在配制育苗基质时，应遵循"因地制宜，就近取材，理化性质良好，有较好的保湿、保肥、通气、排水性能，成本低，无病虫害"的原则。根据幼苗生长需要，加入堆肥、厩肥、绿肥、腐殖质等有机肥，基质配好后进行消毒处理。幼苗培育是果树育苗过程中至关重要的一环。在幼苗期间，需要提供合适的环境条件来满足其生长需要。水分是保证幼苗正常生长所必需的，但水分过多或过少都会对幼苗造成不良影响，因此需要合理灌水，以满足幼苗对水分的需要。光照和温度也需要合理控制，以促进光合作用和细胞分裂活动。同时，营养需要适度供应。为能充分满足苗木正常生长所需的营养，需要适量加入氮、磷、钾等营养元素。在苗木生长高峰期还可以进行叶面追肥，以满足苗木生长的需要。

第三，移栽时间是另一个关键因素。选择合适的移栽时间可以减少苗木的应激反应，有利于苗木的生长和成活。通常情况下，选择气温适宜、土壤湿度适中的时期进行移栽，可以最大限度地减少对苗木的伤害。用优质基质包裹植物根系，使植物在被移植和运输时根系不会受损，还能增强其对不同土壤环境的适应能力，显著提升果树的存活率。

　　第四，树体管理也是果树育苗过程中需要重视的方面。通过适当刻芽、拉枝等修剪措施，可以调整幼苗的生长势和形态建成，促进苗木健康生长。进行科学管理，有利于缩短幼苗生长期限，形成优质的果树干形，为果农建造优质果园打下坚实的基础。

2.3　果树容器大苗培育技术要点

　　最初市场上的果树容器大苗主要是葡萄营养袋容器苗，其他树种的容器大苗相对较少。严格来说，我国大部分苗圃培育的容器苗并非真正意义上的容器大苗，在发展果树容器育苗技术上，我们依旧还有很长的路要走。容器大苗虽有诸多优势，但育苗技术含量高，对设备和人工要求较高，所以掌握好关键技术才能更好地进行容器大苗生产（图2-1）。

图2-1　果树容器大苗培育

　　果树容器大苗培育技术主要体现在以下几个方面：
　　（1）基质配比。基质是培育容器大苗的关键之一，不仅对苗木起到支撑作用，还为苗木生长提供各种营养物质。选择来源充裕、成本较低、理化性能良好的轻型基质材料，如蛭石、泥炭、木屑、蔗渣、岩棉、珍珠岩、树皮粉、腐殖土、炭化稻壳等。一般认为泥炭与蛭石、珍珠岩的混合物是容器育苗的理想基质。苗圃育苗多采用天然土壤，不但重量大，而且孔隙度、蓄水保水力、通透性等物理性状远远不如泥炭、蛭石等材料。因此，采用适宜的基质是我国容器大苗生产待解决的问题。

（2）控根技术。根系是苗木培育的重点，控根技术是容器大苗发展的关键。由于在有限体积的基质中生长，容器大苗的根容易出现缠绕、畸形伸展的现象。缠绕会严重影响根系的正常功能，甚至会导致根系内的矿质营养及水分的运输中断，从而影响苗木的发育和质量。目前解决的办法主要是通过移栽时断根来促进侧根的生长，并选用合适的容器来引导侧根的生长，比较常见的如控根容器。也可以在容器壁涂抹铜化合物、植物生长调节剂等，杀死或抑制根的顶端分生组织，促发更多的侧根。目前控根快速育苗容器是一种调控根系生长的新型快速育苗容器，对防治根腐病和防止主根的盘绕有独特的作用。

（3）病虫害防治。在果树容器大苗培育中，病虫害的防治也是重要环节之一。在病虫害防治上应贯彻"预防为主，综合防治"的植保方针，保护天敌，防止环境污染。做好病虫害的预测预报工作，抓住关键时期科学合理用药，将病虫害造成的损失降到最低。在植物生长过程中，防治措施有物理、生物、化学防治等，最好是综合应用这些措施，选用一些有针对性的药剂，按照具体树种具体要求正确使用。

2.4　容器的种类与选择

2.4.1　容器种类

育苗容器直接关系到果树根系的走向和分布，对果树生长发育的影响很大。在容器大苗生产中，应根据具体情况（育苗树种、育苗期限、苗木规格及建园标准等），选择使用不同种类、形状、规格的容器。一般来说，育苗容器应具备两个方面的条件：一是容器本身的优良特性，包括制作材料来源广，加工容易，成本低廉，操作方便，保水性好，材质轻，有一定的强度，管理和装运不易破碎等；二是满足果树的生物学要求，有利于苗木生长发育。容器大苗的生产与容器的选择应协调一致。

根据容器的材料、硬度和降解性等特征，可对育苗容器进行分类。

2.4.1.1　根据容器材料分类

（1）塑料容器。由聚乙烯、聚氯乙烯、聚苯乙烯等材料制作而成（图2-2）。用硬塑料制成的容器培育的果树苗木建园时一般脱掉容器，将苗木与基质一起栽入土壤中；用软塑料或薄膜制成的容器，容器的底部或周围有孔口，根系可以从孔口伸出，移栽时可根据实际情况，既可脱掉容器，只将苗木与基质一起栽入土中，也可将容器连同基质、苗木一并栽入土中。

图2-2　塑料容器

（2）泥容器。以土为主要原料加上腐熟的有机肥料和无机肥料制成（图2-3）。如黄黏土杯是用70%黄黏土、30%营养土捣碎混合，加水搅拌均匀，再用机具或模具制成杯状体，晾干后使用。

（3）纸容器。以纸为原料制成（图2-4），如泥炭纤维和木质纸浆制作的育苗容器，泥炭、蛭石和纸浆加上肥料以精确比例混合而成的可分解育苗营养块，旧报纸制作的容器，隔膜式蜂窝纸筒容器。纸容器由于折叠后便于储运，可带容器定植，无须去杯或划袋，且蜂窝纸筒容器无间隙，装土工效高。

图2-3 泥容器

图2-4 纸容器

2.4.1.2 根据容器硬度分类

（1）软质容器。包括塑料薄膜容器，一般用厚度为0.02～0.06mm的无毒塑料加工制作而成；蜂窝容器，以纸或塑料薄膜为原料制成，将单个容器交错排列，侧面用水溶性胶黏剂黏合而成；网袋容器，由无纺布材料配以轻型基质制成，充分发挥了容器透水、透气和透根的特性，并通过对水分和光照的控制，实现空气断根，有助于须根的产生并形成根团。

（2）硬质容器。包括泥容器和硬塑料杯。

泥容器主要有营养砖和营养钵。营养砖是用腐熟的有机肥、火烧土、田园土并添加适量的无机肥料配制成营养土，经拌浆、铺平成床，然后切砖、打孔而成。营养钵是用具有一定黏性的土壤为主要原料加入适量磷肥及沙土配制而成。

硬塑料杯是用硬质塑料制成六角形、方形或圆锥形，底部有排水孔的容器。一些圆锥形容器内壁设有数条垂直棱线，可起到引导根系生长走向的作用。

2.4.1.3 根据容器材料的降解性分类

（1）易降解容器。容器主要用泥炭、纸张、稻草、生物塑料等可降解材料制成，定植后容器在土壤中可被水软化溶解或被微生物所分解，最终归田。植物的根系能够穿透容器而进入土壤当中，因而该容器可与苗木一起栽植入土。

（2）不易降解容器。容器主要由聚乙烯、聚苯乙烯等不易降解材料制成，植物的根系不能穿透容器（孔口除外），因而容器不宜与苗木一起栽植入土，需要去掉容器，再行栽植。但由于这种容器能反复使用，成本较低，便于机械化批量生产，目前国内外应用较广。

2.4.1.4　根据容器与基质是否分离分类

（1）具外壁容器。容器与基质分离，容器内盛放培养基质，如各种育苗钵、育苗盘、育苗箱等。

（2）无外壁容器。容器与基质不分离，二者实为一体，如将腐熟厩肥或泥炭加入园土，并混合少量化学肥料压制成钵状或块状营养砖或营养块。这种容器的优点是根系可自由延伸，不会发生盘旋生长，但是根能穿透容器，伸长的根会进入相邻的同类容器，影响其他苗木的生长。

此外，还可根据容器的形状分为圆柱形、棱柱形、方形、蜂窝形容器等。各国还研制出一些特殊的容器类型：尼苏拉容器、芬兰钵、基菲钵、柯柏福特容器、瓦特尔弱形容器、安大略管状容器、苯乙烯容器块、多杯式容器、斯彭塞尔－列麦尔容器、泥炭肠容器、芬兰尼索拉塑料卷等。

2.4.2　容器选择

受苗木大小和经费开支的限制，目前在北美、北欧等温带地区多数为小型育苗容器（直径2～3cm，高度9～20cm，容积18～50cm³）；在亚热带和热带地区，为了控制杂草，提高移栽质量，多用较大苗移栽，故育苗容器亦较大（容积超过100cm³）。但随着容器体积的增大，育苗、移栽费用亦急剧提高。因此当前各国仍在探索保证移栽成效所允许的最小容器规格。容器育苗体系的建立，使育苗实现了专业化，供苗实现了商品化，生产过程实现了机械化，因此，在欧美发达国家这一育苗技术正在得到迅速普及。

2.4.2.1　容器类型选择

我国也在果树容器的选择上进行了大量的探索，目前常采用穴盘、加仑盆、美植袋及控根容器。

（1）穴盘。穴盘适用于春季或夏季播种、来年春季建园的果树。育苗阶段通常用穴盘（图2-5）作为播种和扦插繁殖的容器，穴盘一般为塑料材质。其主要特点是成本低、可重复使用、操作方便。

图2-5 穴 盘

穴盘有50、72、105、128、200穴等多种规格，可根据繁育品种选择不同规格。一般木本植物育苗以50、72穴为主，深度4～12cm；草本植物育苗以128、200穴为主，深度2.5～4.8cm。

（2）加仑盆。现代容器苗生产栽培上应用最为广泛的当属黑色塑料加仑盆，简称加仑盆（图2-6），一般由注塑或吹塑工艺制成。国内一般采用美式标准换算，1加仑约为3.785L。生产上使用的有1、2、3、5、7、10、15、20加仑等多种规格，适用于中小型容器苗的生产。

图2-6 加仑盆

加仑盆主要具有以下特点：①添加抗老化剂，使用寿命长，露天使用寿命在3年以上；②种植方便，适合机械化、工厂化操作，运输方便；③容器壁有独特的条状凹凸侧棱，可有效防止盘根，有利于苗木的根系生长；④作为生产用盆，可循环使用。

拓展阅读 •

　　与早期盆壁光滑的塑料容器盆相比，现在生产的硬质塑料加仑盆为了防止缠根和灼伤根系，在容器内壁常设2～6条纵向棱状突起的侧棱，苗木根系遇棱线后停止生长，促生侧根，并能起到防止根系在容器中盘根和断根的作用。同时，加仑盆一般在底部打孔，有利于排水和透气。

　　（3）美植袋。美植袋（图2-7）又称无纺布袋，采用合成纤维无纺布制作，经裁剪、缝纫，可生产出各种大小尺寸不一的规格。另外，根据无纺布本身的织物密度还有不同的单位面积重量选择。不同的单位面积无纺布克重对应的厚度也不同。

　　美植袋主要有以下特点：①透水透气性佳，不易积水；②根系生长穿过袋壁时由于空气断根作用，不易盘根，并能促进侧根的发生；③材质轻，可增加提手设计，便

图2-7　美植袋

于运输和搬运；④成本较低，坚固耐用，一般可使用3～5年；⑤能有效节省水资源，保湿、保肥、保温性好；⑥保持苗木根系完整。

　　在美植袋育苗的过程中，由于袋壁空气的断根作用，苗木伸出容器壁的根系虽停止生长，但会不断再生侧根，并积累形成大量的根系，充分吸收基质给予的养分，一旦被移栽到土壤中，会迅速生长。

　　美植袋种植的苗木移栽成活率高，适用于大多数园林苗木的栽培，如乔木、灌木、竹类、棕榈类植物等，移栽后无缓苗期，一旦入地就爆发性生根，同时地上部分也会生长迅猛。

> **温馨提示** •
>
> 注意在雨水多的季节，美植袋底部容易发生积水的可能。可以预先在底部四周打孔，或者通过增强底部基质的排水性来解决。否则易发生积水沤根的现象，导致美植袋周围长满藻类植物。

（4）控根容器。大型植物控根容器由多块控根容器片组成，可自由拆装，并根据苗木的大小拼接围成所需要的尺寸，适合中、大型苗木的栽培（图2-8）。

还有一种专门用于防盘根的小型容器，美国许多乔木苗圃在培育小苗时使用，主要是长直根，避免根系缠绕，将来移植到土中就不会有盘根现象。

图2-8　控根容器

目前，控根容器片有无纺布和塑料两种材料：

①塑料的控根容器片设计了很多凸起的小孔，能使空气自由地进入，基于空气断根的原理，可以促进侧根的生长。但它受高温和紫外线的影响较大，易老化破损和变形。因此苗木在塑料控根容器中的种植年限不能过长，否则容器片可能变得脆弱易破，从而影响根系的正常生长。

②无纺布材料的控根容器片，同样可以起到空气断根的作用，且更加牢固和轻便。

控根容器具有以下特点：①能起到很好的增根控根作用。控根容器苗木的侧根形状短而粗，数量大，同时限制了主根的生长，不会形成缠绕的根；②容器片可以分离拆装，不占运输和存储空间；③摆放位置固定后，移动搬运不便。

用控根容器生产的苗木，移栽时不伤根，不用"砍头"，不受季节限制。因其侧根发达，移栽后根部会继续萌发出更多的侧根，缩短缓苗期，成活率高，生长速度快，大大缩短了苗木的成林时间。

2.4.2.2 容器尺寸确定

容器尺寸应根据不同果树品种和生长阶段来确定。一般来说，种子发芽阶段可选择较小尺寸的容器（如直径5～10cm）；幼苗期可选择中等尺寸的容器（如直径15～20cm）；生长期和结果期则需要更大的容器（如直径30～50cm）。

【专栏】
选择容器类型和尺寸时需要考虑的因素

根系发育：容器应提供足够的空间，以促进根的健康发育。

透气性和排水性：容器应具备良好的透气性和排水性，以避免根部受到积水或缺氧的影响。

保湿性能：容器应具备一定的保湿性能，以确保根部获得足够的水分。

2.5　基质选择与配制

2.5.1　基质选择原则

基质是培育优质苗木的基础，不仅对苗木起到支撑作用，还是苗木生长所必需的各种营养元素的载体，在容器育苗中具有十分重要的位置。基质的选择一般应遵循以下原则：

（1）化学稳定性好。要求基质具有较好的化学稳定性，确保基质的化学性质在育苗过程中不会发生明显的变化。这样才能有效、准确地控制苗木生长。

（2）基质粒度适中。理想的基质具有较好的气相、液相、固相结构，保持疏松透气、不板结，并具有良好的储水、保肥能力。要达到这样的要求，基质颗粒大小的配比至关重要。只有粒度适中，才能同时保障透气性、保水性和保肥性，为苗木提供良好的生长环境。

（3）弱酸性。pH是决定养分吸收的一个重要因素，不同的苗木对基质酸碱性的要求不同，一般来说会选择pH 5～6.5的基质。

（4）可溶性盐含量低。基质的可溶性盐含量决定了根系周围的盐浓度。因为基质是局限在一定体积的容器内的，溶解的肥料中的离子和灌溉用水中的离子会聚集起来，让溶液中的可溶性盐含量达到一个较高值，不利于苗木生长，所以基质的可溶性盐含量一定要控制好。

（5）基质成分多样性。使基质成分保持多样性的目的是实现各成分之间的性能互补。因此，在基质配制过程中，要避免基质成分过于单一。例如，基质与水的互相浸润程度是一项重要指标，有一些轻基质不易与水浸润，配制时需要与其他基质成分搭配。

（6）来源广。基质原材料要在当地易于获取，并且成本较低。

（7）质轻。较轻的基质便于实际操作和运输。

（8）消毒到位。经过严格消毒处理的基质不带致病菌、虫卵以及杂草种子，可保证基质的清洁卫生。

育苗基质的配制，需要考虑的问题还有很多，主要是从苗木生长的角度考虑，注意各种基质原料的合理配比，为苗木生产创造适宜的条件。

2.5.2 基质种类

2.5.2.1 无机基质

（1）蛭石。呈鳞片状，鳞片重叠，颜色为金黄、黄褐、褐绿或黑色及杂色，表面带有金属光泽（图2-9）。颗粒不大，质地轻盈，是一种物理特性介于泥炭及珍珠岩之间的栽培基质，常被用来与泥炭混合使用。

形成及特性：蛭石为云母类矿物经过高温（800～1 100℃）处理而形成。在加热后失水膨胀，状似水蛭，且体积相当于原来体积的20倍，增加了通气孔隙和持水能力。蛭石容重为0.07～0.12g/cm³，pH 7～9，每立方米蛭石能吸收

图2-9　蛭石

500～650L水，蒸汽消毒后能释放出适量的钾、钙等。

优点：体轻，具有较高的阳离子交换量。有特别强的保水保肥能力，使用时不用消毒。

缺点：不能提供植物所需养分。长期使用易破碎，孔隙变小，通气和排水性能变差，因此最好不要长期用作容器育苗的基质。

使用场景：多用于扦插繁殖，并且最好与其他基质配合使用。又因为其颗粒较大但彼此间黏着性不佳，无法较好地固定植物体，所以较大容器栽培时不宜单独使用。

（2）珍珠岩。呈颗粒状，颜色洁白且体质轻盈（图2-10），排水透气性比泥炭好，因此常配合泥炭使用；颗粒有大小之分，具体应用应视实际需要而定。一般而言，用来混合其他基质或需大量使用时，采用颗粒较大的珍珠岩比较好。

图2-10　珍珠岩

形成及特性：珍珠岩由天然的硅质火山岩燃烧1 200℃膨胀而成，具有封闭的多孔性结构。珍珠岩较轻，容易浮在混合介质的表面。容重为0.08～0.18g/cm³，通气良好，无营养成分，质地均一，不分解，阳离子交换量较低，pH 7～7.5，进行化学消毒和蒸汽消毒时性质均稳定。珍珠岩含有钠、铝和少量可溶性氟，氟能伤害某些植物，特别是在pH较低时用珍珠岩作为繁育基质表现明显。所以在使用前经过2～3次淋洗使氟淋失后使用更好。

优点：易排水，通透性好，物理化学性质稳定，清洁无菌，呈中性反应。

缺点：不能提供植物所需养分。注意氧化钠的含量，如超过5%时，不宜做基质使用。

使用场景：多用于扦插繁殖以及改善土壤的物理性状。

（3）岩棉。

形成及特性：辉绿岩、石灰岩、焦炭按一定比例，在约1 600℃的高炉中熔化、冷却、黏合压制而成（图2-11）。容重为$0.07g/cm^3$，总孔隙度为96%，由于孔隙具有同样的大小，因此可以根据岩棉块的高度，调节岩棉块中水分和空气的比例。新岩棉的pH比较高，加入适量酸，pH即可降低。岩棉块主要可以分为两种，一种能排斥水的称为格罗丹蓝，另一种能吸水的称为格罗丹绿。在小型容器苗基质的配制中，以容积计算，每3份土壤加入1份格罗丹蓝团块，可以获得良好的水分和空气状况。

图2-11　岩棉

优点：经过高热完全消毒，有一定形状，栽培过程中不变形。具有较高的持水力和较低的水分张力，栽培初期呈微碱性。

缺点：本身的缓冲性能低，对灌溉水要求较高，如果灌溉水中含有有毒物质或过量元素，就会对植物造成伤害。在自然界中岩棉不能降解，易造成环境污染。

（4）沙。

形成及特性：沙由岩石风化后经雨水冲刷或由岩石轧制而成（图2-12）。沙通常可作为混合基质的组分，使用平均粒径为$0.2\sim0.5mm$的较好。沙的容重较

图2-12　沙子

大，可达 $1.5 \sim 1.8g/cm^3$。沙的持水量和阳离子交换量较小。作为基质组分时，用量不超过总体的25%。

目前能大量使用的主要有两种：一种是河沙，是从淡水湖中或山区浅沟中挖来的沙，一般不带盐碱性，可直接作为基质。另一种是海沙，是从海滩上挖取来的沙，由于海水冲洗，使其略带盐碱性，在使用之前应用清水冲洗。

优点：排水性好，通透性强，价格便宜，来源广泛。

缺点：不能提供植物所需养分，保水保肥能力差，密度大，更换基质较费工。

使用场景：可以与其他较黏重土壤调配使用，以改善基质的排水通气性；可作为播种、扦插繁殖的基质。在生产中，禁止采用石灰岩质的沙粒，以免影响基质pH，使一部分养分失效；来自珊瑚或原始火山的沙，有可能含有毒性元素，不宜使用。

（5）炉渣。

形成及特性：炉渣是煤燃烧后的残渣（图2-13），通透性好，容重 $0.7 \sim 0.8g/cm^3$，呈碱性，不宜单独用作基质。混合基质中比例一般不超过60%。使用前要进行过筛，选择粒径 $2 \sim 5mm$ 的颗粒。

使用场景：如果用来种植喜酸性花木，在使用前先用废酸处理过多钙质，然后用水清洗，晒干后再作为基质。

图2-13　炉渣

（6）陶粒。

形成及特性：陶粒常以黏土、页岩、粉煤灰、煤矸石、污泥等铝硅质材料经高温发泡而制成（图2-14），内部为蜂窝状的孔隙构造，容重为 $0.3 \sim 0.5g/cm^3$，具有适

图2-14　陶粒

宜的持水量和阳离子交换量。陶粒在盆栽基质中能改善通气性。无致病菌，无虫害，无杂草种子。不会分解，可以长期使用。虽然陶粒可单独用作栽培基质，但一般作为盆栽基质，只用占总体积20%左右的陶粒即可。

优点：能浮在水面，透气性好。

2.5.2.2 有机基质

（1）泥炭。又称草炭、泥煤，是沼泽植物死亡后，在空气不足的淹水条件下，通过厌氧微生物的缓慢不完全分解而逐渐堆积形成的特殊有机物（图2-15）。

泥炭根据其形成条件、植物群落的特性和理化性状，又可分为以下3种类型。

图2-15　泥炭

低位泥炭：分布于地势低洼处，季节性积水或常年积水，水源多为含矿物质较高的地下水。一般分解程度较高，酸度较低，呈微酸性反应，灰分元素和氮素含量较高，持水量小，稍风干后即可使用，我国多为这种泥炭。

高位泥炭：多分布于高寒地区，水源主要靠含矿质养料少的雨水补给，这种泥炭分解程度差，氮和灰分元素含量较低，酸度高，呈酸性或强酸性，每立方米加4～7kg粉碎过的白云石可以调整pH到苗木生长需要的范围，这种泥炭具有很高的阳离子交换量和持水量，并不需要粉碎就能提供良好的通气性。

中位泥炭：是介于以上两类之间的过渡类型。

泥炭容重小，为 $0.2\sim0.3g/cm^3$，孔隙率高达77%～84%。作为基质时可用100%泥炭，但通常用来配制混合基质，按体积的25%～75%使用。泥炭含有大量的有机质，质地轻且无病虫害和病原，所以是常用的基质。但是泥炭有效氮、有效磷、速效钾含量较低，所以在配制基质时可根据需要加进足够的氮、磷、钾和其他微量元素肥料；同时泥炭也可以与珍珠岩、蛭石、河沙、园土等混合使用。

优点：质轻、质量良好，稳定，偏酸性，保水保肥性能好，有机质含量高。持水量和阳离子交换量高，具有良好的通透性，能抗快速分解。

缺点：首次使用泥炭不易吸水且当其完全干燥时易形成硬块，水分也不易吸入，此时可用手将其搓揉成较细的颗粒，或将其浸泡在水中以协助其充分吸水；由于质地轻，亦不适合栽种较高大型的花木，但是可以采取混合沙石或土壤或各种腐殖土的方法来增加其重量。

使用场景：用途广泛，可用于苗圃繁殖育苗、屋顶绿化、大树移栽、改良并活化土壤，还可以用来提高土壤有机质的含量。在容器苗基质的配制中更是不可缺少的原始基质。

（2）树皮。与草炭相比，树皮的阳离子交换量和持水量比较低，但碳氮比较高，是一种比较好的基质材料（图2-16）。具有良好的物理性质，能够部分代替泥炭作为栽培基质。新鲜树皮的主要问题是碳氮比较高，有些树皮如桉树皮等含有对植物有毒的成分，应该通过堆腐或淋洗来降低毒性。树皮首先要粉碎，一般的粒径是1.5～6mm。对颗粒进行筛选，细小的可作为田间土壤改良剂，粗的最好作为盆栽基质。同时要注意在加氮、加水处理后，至少要堆腐3个月以上，秋冬季时需要6个月以上，其间还要进行数次翻堆后才能使用。

图2-16　树皮

缺点：新鲜树皮的分解速度快；在使用时，注意松树树皮中氯化物不应超过0.25%，锰的含量不得高于200mg/kg，超过这个标准，不宜做基质。

（3）木屑。木屑和树皮有类似的性质，但较容易分解沉积而过于致密不易干燥（图2-17）。处理方法同树皮。

（4）刨花。刨花在组成上和木屑近似，只是个体较大些，通气性良好，碳氮比高，但持水量和阳离子交换量较低（图2-18）。可与其他基质混合使用，一般比例在50%。

图2-17　木屑

图2-18　刨花

（5）焦糠。又称熏炭，是谷壳经炭化处理而成的无土介质（图2-19）。容重为0.24g/cm^3，通气孔隙度可达30%，呈微碱性，但经过几次浇水后可显中性，吸收养分能力较差，和等量的泥炭混合做育苗的盆栽基质，能获得满意的结果。

图2-19　焦糠

（6）稻壳。稻壳（图2-20）的应用主要分为两种，即经过炭化的稻壳和未经炭化的稻壳。未经炭化的稻壳通气性较佳，通气孔隙度为53%左右，总体密度为0.009g/mL，但是炭化以后总体密度上升为0.1g/mL，而充气孔隙度降为34%，容器水量为64%。炭化的过程使稻壳破裂，因此密度增加，通气性降低。但

图2-20　稻壳

是炭化后的稻壳保肥力可提升1倍。稻壳炭化时如果灰化程度高，pH会上升，从而显偏碱性，但如能控制适度炭化而不灰化，则pH变化不大。使用时应加入适量的氮，以调节其较高的碳氮比，但所加氮的体积不能超过25%。另外还可以把稻壳烧成灰，疏松土壤的同时，补充钾肥。麦秆打碎，或者烧成草木灰，作用跟稻壳是一样的，疏松土壤还补充肥料。

优点：有良好的排水、通气性，也不影响混合基质原来的pH、可溶性盐含量或有效营养，并能抗分解，因此有较高的使用价值。

缺点：病菌多，所以在使用前通常进行蒸煮，以杀死病菌，但在蒸汽消毒时会释放出一定数量的锰，有可能使植物中毒。碳氮比高，消毒后需加入约1%的氮肥，以补偿高碳氮比所造成的氮素缺乏。

（7）牛粪。牛粪（图2–21）是冷性肥料，热量不高，不会造成肥害，而且其中纤维更粗，透气性也更强。

图2–21　牛粪

（8）玉米芯和玉米秸秆。玉米芯和玉米秸秆（图2–22）打碎后，是非常好的土壤疏松材料，而且其中含有碳水化合物、粗纤维、蛋白质、矿物质等，也能为植物提供一定的养分。

图2–22　玉米芯和玉米秸秆

2.5.2.3 土壤基质

（1）熟化土壤。一般直接取自户外的泥土，或者是经由植物茎叶腐败后与残留杂质所堆积而成的介质。其优点是通常含有较高的有机质，保水保肥能力较强，成本低，来源广泛，对于大量种植且有良好抗性的苗木而言是比较好的容器栽培基质。其缺点是土壤本身良莠不齐，质量难以控制，且常含有各类病菌，甚至有害虫及卵隐藏其中，因此在使用前要先将土壤适当消毒灭菌并且经常与其他基质混合使用。

（2）腐殖土。指落叶长期堆积在山中，经过发酵后与土壤混合而成的营养土，或冬季收集落叶堆积而成的树叶土肥所形成的营养土，具有通气好、排水好、重量轻的特点。一般不直接使用，而是混合于其他土壤中，可改良土质，使土壤蓬松，有利于植物生长。

（3）腐叶土。树叶在土壤中经过微生物分解发酵形成的土壤（图2-23），这类土壤里有丰富的有机质和腐殖质，能够提供大量的营养物质，并且土质疏松，本身透气性非常强。

（4）腐草土。杂草、植物秸秆等掺入土粪等堆积腐烂而成的土壤。含有长效的营养成分，也是一种比较好的栽培基质。

图2-23 腐叶土

（5）木质土。枯枝和木屑腐烂后与土壤混合堆积而成的产物，性质结构与腐叶土相似，呈酸性，质松，但缺乏营养物质，注意应混合使用。

（6）山泥。由阔叶林多年落叶层积腐朽而成。通气透水，保肥、保水性好。

2.5.3 基质配比

不同基质对不同树种苗木质量的影响不同，基质的选择及其配制（图2-24）是容器大苗培育的重要环节。各地进行容器大苗培育的条件不同，必须根据当地培育树种、可供利用基质等诸多因素确定基质成分和配比，突出地方容器育苗的长处和特点，因地制宜发展果树生产。

图2-24　基质配制

为了合理选择基质成分和配比，需要考虑以下几个因素：

（1）目标果树的需求。不同果树对基质成分有不同的要求。例如，一些果树喜欢酸性基质，而另一些果树则喜欢碱性基质。因此，在选择基质成分时，需要根据目标果树的生长环境和喜好来确定。

（2）基质的排水性能。良好的排水性能对果树的生长非常重要，因为过度积水会导致根部腐烂。因此，在选择基质成分时，应该包含具有良好排水性能的材料，如珍珠岩、蛭石等。

（3）基质的保水性能。适当的保水性能可以帮助果树在干旱条件下存活。因此，在选择基质成分时，应该包含具有良好保水性能的材料，如腐殖土、泥炭等。

（4）营养供给。合理配比不仅要考虑基质成分本身是否满足果树生长所需的营养元素，还要考虑这些营养元素之间的平衡关系。例如，在配比时应注意氮、磷、钾等主要营养元素的比例。

根据以上考虑因素，可以采用以下方法步骤进行分析：①确定目标果树的生长环境和喜好；②根据目标果树的需求，选择合适的基质成分；③根据基质成分的特性，确定配方比例；④进行试验种植，并观察果树生长情况。

因苗木种类、基质材料和栽培管理方法不同，不可能有统一的基质配方，并且苗木对基质的要求也不尽相同。所以，基质的配比主要分为3部分进行介绍：扦插苗基质的配比、小型容器苗基质的配比、大型容器苗基质的配比。

2.5.3.1　扦插苗基质的配比

总体要求：保温、保湿、疏松透气、不带病菌，最主要的是透气性要良好，有利于生根。主要有以下几种配方（均为体积比）：

单一基质：100%泥炭、100%珍珠岩、100%沙等。

泥炭∶珍珠岩＝3∶1或1∶1或1∶3。

泥炭∶沙＝3∶1或1∶3或1∶1。

泥炭∶珍珠岩∶蛭石＝1∶1∶1。

珍珠岩∶蛭石∶沙＝2∶1∶1。

注意事项

①针对扦插对象选用不同基质，同时要对使用的基质有充分了解，注意其特性。加强管理，特别是对于全部使用无机基质的配方，要注重水分和肥料的应用。

②在实际应用中可以选择分层铺垫基质，即上面铺垫一层一定厚度、透气性良好的无机基质，下面铺垫有机基质。实践证明，该方法不仅有利于生根，还解决了后期脱肥的问题。

2.5.3.2　小型容器苗基质的配比

总体要求：具有较好的保水、保肥性能，轻质、疏松、排水良好。主要有以下几种配方（均为体积比）：

①喜湿润。

泥炭∶树皮∶刨花＝2∶1∶1或1∶1∶1。

泥炭∶树皮＝1∶1。

②喜干旱。

泥炭∶珍珠岩∶树皮＝1∶1∶1。

泥炭∶珍珠岩＝2∶1或3∶2。

③其他。

泥炭∶树皮∶沙＝1∶1∶1。

泥炭：珍珠岩＝1：1。

刨花：炉渣＝1：1。

2.5.3.3　大型容器苗基质的配比

总体要求：具有较好保水、保肥性能，通透性好，能够提供一定量的养分，不积水、不含有毒物质并能固定整个植物体等。主要有以下几种配方（均为体积比）：

腐木屑：泥炭＝1：1。

壤土：泥炭：焦糠＝1：1：1。

壤土：腐叶土：沙＝6：3：（1～2）。

壤土：山泥：沙＝2：1：1。

注意事项

以上为已经经过验证的配方比例。但值得一提的是，由于原始基质的差异，并且不同的栽培品种和不同栽培技术条件对基质的要求也不尽相同，所以，不应该盲目地遵从。要根据当地的情况优选出最佳方案，并且要注意就地取材，以节约成本。

基质成分和配比要求应根据不同果树品种和栽培需求进行精密调配，可以根据其生长特性和喜好，合理选择有机材料、辅助添加剂和矿质材料，并按照一定的比例进行配制，以满足果树对基质的营养和环境要求。具体的配比要求可以根据实际情况和专业建议进行调整。

【专栏】

辅助添加剂

- 水：适量添加水以保持基质湿润，并满足果树对水分的需求。
- 抗旱剂：添加适量抗旱剂可提高基质的抗旱性能，减缓水分蒸发速度。
- 促根剂：适量添加促根剂可以促进果树根系的生长和发育。

- 缓释肥：添加适量缓释肥可以提供果树所需的养分，并保持较长时间的供应。
- 微量元素：适量添加微量元素可满足果树对微量元素的需求。
- 防寒抗冻剂：在低温环境下，适量添加防寒抗冻剂可提高基质的抗寒性能，保护果树不受冷害。

2.5.4 基质处理和消毒

2.5.4.1 基质处理

主要介绍以农林废弃物为主要成分的基质处理。以农林废弃物为主要成分的基质含有一些易分解的简单有机物，当条件合适时，就会发酵升温，产生和释放一些对苗木生长不利的气体和液体而伤害苗木根系或影响插条生根，因此必须对基质进行处理，保证育苗过程中能够提高苗木的成活率，有效地促进苗木正常生长发育，达到预期的育苗目的。基质处理主要有发酵和半炭化两种方法。

（1）发酵。

①工业发酵法。通过发酵塔、发酵罐、发酵砖窑等设备进行控温、控氧、控湿和机械搅拌，实现快速发酵，从而进行大规模集约化轻型基质的生产。在工业发酵法实施的同时还可以回收、分离大量有较高经济价值的有机化合物副产品，使资源得到充分利用，但一次性投资大。

②简易发酵法。发酵场地建在室外背风向阳处，以水泥地面为好，地面设有凹槽，槽里放置通气的厚壁塑料管道，管径15cm，管长30m，两条管道之间距离2m，管上钻孔，孔径10mm，孔与孔之间距离7cm，均匀排列。两条管道一端用支管连接到1台1～2kW的鼓风机上，接口处密封使其不漏气，两条管道的另一端塞住管口不透气，以便在发酵过程中通过鼓风机和管道适时将空气送入堆积物料的各部位，用来控制发酵进度和发酵质量。然后将待发酵物料堆放在通气管道上面。物料中添加易发酵的有机质，如动物粪便、食

用菌废料、某些菌肥及氮肥、磷肥，然后搅拌均匀堆放。堆的顶部架设喷水管道，管道上有喷水孔，用水浇透物料。最后盖上透明塑料布。为了能及时补充因发酵而减少的氧气，以及补足因发酵升温蒸发减少的水分，可用不锈钢管专门制成3m长的温度传感器，插到堆料的某一位置。传感器一般至少要2个，将传感器的导线连接到控制仪上，设定温度，比如设定在50℃，当堆料发酵温度升到50℃时，鼓风机启动，开始鼓风，以补充基质由于发酵而缺少的氧气；同时也可将控制仪连到喷水管上，同时向堆料补充水分。如有条件，还可用更准确的氧分压传感器和湿度传感器监测发酵过程，进行自动补气补水，促使快速发酵。

③传统发酵法。将作物的秸秆、林地的枯枝落叶等农林废弃物采取堆积或堆沤的方式进行处理，变成易被植物吸收的无毒害作用的物质。这种方法也是我国农村历史上用来生产有机肥料的常用方法，至今还在使用。传统发酵法充分利用了自然光和热，是一种集资源处理与资源再生利用为一体的生物方法，简便易行，但堆积占地面积大，发酵时间长，资源不能充分利用。

【专栏】

影响农林废弃物发酵的主要因素

A.碳氮比（C/N）：堆制和发酵过程需要一个适宜而稳定的C/N，一般为25～35。

B.肥源种类：常用的有机氮源主要有鸡粪、猪粪、牛粪、羊粪等牲畜粪，棉籽饼、大豆饼等饼肥；无机氮源主要有硫酸铵、尿素、硝酸铵等化肥。

C.生物菌源：堆制和发酵实际是利用自然界广泛存在的细菌、放线菌、真菌等微生物，对农林废弃物进行生物降解，使之转化为腐殖质的生物化学过程。目前生产上使用的外源微生物制剂有EM菌、酵素菌、催腐剂等。

D.水分：一般堆制初期的含水量应为50%～60%。

E.通气性：堆体内的通气性好，可为微生物活动提供必需的氧气，促进农林废弃物的降解。常见的供氧方式：一是利用空气的流动性将氧气扩散到堆体内；二是通过人工翻堆；三是强制性通风，即在供氧不足的情况下，可以设立通气管、通气塔和通气沟来解决通风供氧问题。

F.脱臭：一般半木质化的农林废弃物很少产生臭气。有时堆沤物料局部或某段时间内发生厌氧发酵而导致臭气产生，这时可用土壤覆盖。

G.温度控制：在堆沤过程中，堆体温度应控制在50～65℃，但在55～60℃时比较好，不宜超过65℃。温度超过65℃，微生物的生长活动即开始受到抑制，而且温度过高会过度消耗有机质。

（2）半炭化。通过燃烧的方法处理基质得到的固形物太少，利用率太低，因而这种方法实用价值不大。而用半炭化方法处理基质，在缺氧或无氧状态下，通过控制前期的燃烧时间，延长固定碳燃烧时间，既达到了基质处理的目的，又获得较多燃烧的剩余物，是基质处理的主要方法之一。常用的以农林废弃物为主要成分的基质半炭化处理方法有以下3种：

①工业半炭化方法。利用半炭化炉自动上料、自动控温、自动控氧和机械化搅拌以实现物料的快速半炭化，从而大规模、集约化生产轻型基质。该方法还可以回收、分离一些有较高经济价值的有机化合物副产品及生物质能源材料。虽一次性投入大，但资源可得到充分利用。

②简单的半炭化方法。将基质堆在地面上，点燃后再用基质将其盖严，上边再覆盖一层土进行焖烧，一直到基质变成褐色为止。

③稻壳简易半炭化方法。在地面用砖头围一个炉灶，炉灶内径1m，高0.6m，砖之间可以有空隙，不必用胶泥封住。里面放满木柴，点燃后当火势烧到最大时再将一块有很多小孔的铁皮盖在炉灶

上，立即将干燥的水稻壳倒在铁皮上，堆成圆锥形。铁皮比炉灶大些，铁皮上的小孔直径10～15mm，孔与孔的间距4～5cm，均匀分布。

基质原料半炭化成品的后处理：半炭化的基质中含有硫酸钾、氯化钾和碳酸钾，其碱性很强（pH＞9）。因此，要经过水洗，以降低基质的碱性。对于网袋容器可在容器装入基质后浸水切段时或育苗前彻底用清水喷湿。经半炭化水洗后的轻型基质其化学性质非常稳定，在育苗过程中也不会发生较大的变化。

2.5.4.2 基质消毒

为保证容器大苗的正常生长繁育，阻断病虫害的传播途径，防止基质中存在的病原菌对果树苗木造成危害，需要对基质进行消毒处理。常见的方法包括高温消毒和化学药剂消毒等。

（1）高温消毒。

①太阳能消毒。方法是在夏季温室或大棚休闲季节，将基质堆高20～30cm，长、宽视具体情况而定，在堆放基质的同时用水喷湿，使其含水量超过80%，然后用塑料薄膜覆盖。在密闭温室或大棚暴晒10～15d，可杀死基质中的各种病菌。

小面积地块，可将配制好的基质放在清洁的混凝土地面上、木板上或铁皮上，薄薄平摊，暴晒3～15d，也可杀死大量病菌孢子、菌丝，以及害虫、虫卵、线虫。

②蒸汽消毒。蒸汽锅炉加热，通过管道把蒸汽热能通到基质中，使基质温度升高，杀死病原菌，以达到防止基质传播病害的目的。这种消毒方法要求设备比较复杂，只适合经济价值较高的幼苗在苗床上小面积使用。类似的方法还有锅蒸消毒法和消毒柜消毒法。

少量时可以把基质放入蒸笼上锅，加热到60～100℃，持续30～60min，加热时间不宜太长，否则会杀灭能够分解肥料的有益微生物，从而影响苗木的正常生长发育。

生产面积较大时，基质堆20cm高，长度根据地形而定，全部用防水、防高温布盖上，导入蒸汽，在80～95℃下，消毒1h就能杀死病菌，此法杀菌效果良好，也较安全，但成本较高。

> **注意事项** •
>
> A.每次进行消毒的基质体积不可过多，否则可能造成部分基质在消毒过程中由于未能达到杀灭病虫害所要求的高温而降低消毒的效果。
>
> B.进行蒸汽消毒时基质不可过于潮湿，也不可太干燥，一般基质含水量以35%～45%为宜。过湿或过干都可能降低消毒的效果。

③水煮消毒。一般只适用于经济价值较高的幼苗培育时进行少量的基质消毒，方法是将基质倒入锅内水中，加热到80～100℃，煮30～60min，煮后除去水分晾干到适中湿度即可使用。

④火烧消毒。

炒灼法：将适量基质放入铁锅或铁板上加热烧灼，待基质变干后再烧0.5～2h，可将其中的病虫彻底消灭干净。

燃烧法：在露地苗床上，将干柴草平铺在田面上点燃，这样不仅可以消灭表土中的病菌、害虫和虫卵，翻耕后还能增加一部分钾肥。

（2）化学药剂消毒。化学药剂消毒是利用一些对病原菌和虫卵有杀灭作用的化学药剂来进行基质消毒的方法。一般而言，化学药剂消毒的效果不及蒸汽消毒的效果好，而且对操作人员有一定的副作用，但由于化学药剂消毒方法较为简便，特别是大规模生产上使用较方便，因此使用广泛。

化学药剂使用方法有喷淋或浇灌法、毒土法和熏蒸法等。

喷淋或浇灌法：将药剂用清水稀释成一定浓度，用喷雾器喷淋于基质表层，使药液渗入基质深层，或直接灌到基质中，杀死其中病菌。

毒土法：将药剂配成毒土，然后施用。毒土的配制方法：将化学药剂（乳油、可湿性粉剂）与具有一定湿度的细土按比例混匀。施用方法有沟施、穴施和撒施。

熏蒸法：利用注射器或消毒机将熏蒸剂均匀注入基质中，在基质表面盖上薄膜等覆盖物，在密闭或半密闭的状态下使熏蒸剂中的有毒气体在基质中扩散，杀死病菌。基质熏蒸时，须待药剂充分散发后才能进行基质育苗操作，否则，容易对人体和植物产生伤害。常用的基质熏蒸剂有甲醛等。

【专栏】

常用的基质消毒药剂及使用方法

A. 甲醛（福尔马林）：甲醛是良好的消毒剂，对防治立枯病、褐斑病、角斑病、炭疽病等有良好的效果。

进行基质消毒时一般用甲醛1kg，加水稀释成40～100kg的溶液。把待消毒的基质在干净的、垫有一层塑料薄膜的地面上平铺一层，约10cm厚，然后用喷雾器将甲醛稀释液均匀喷洒在基质表面，使其湿润；接着再铺第二层，再用甲醛稀释液喷湿，直至所有要消毒的基质均喷湿甲醛稀释液为止，最后用塑料薄膜覆盖封闭2d，再摊开暴晒2d以上并风干。直至基质中没有甲醛气味才可使用，这个过程需要15d左右。利用甲醛消毒时由于甲醛有强烈的刺激性气味，因此，在操作时工作人员必须做好防护工作。

沙石类消毒还可以用福尔马林50～100倍液浸泡2～4h，再用清水冲洗2～3遍即可使用。

B. 高锰酸钾：高锰酸钾是一种强氧化剂，只能用在石砾、沙等没有吸附能力且较容易用清水清洗干净的无机基质的消毒上，而不能用于泥炭、木屑、岩棉、蔗渣和陶粒等有较大吸附能力的基质或者难以用清水冲洗干净的基质消毒。因为这些基质用高锰酸钾消毒后高锰酸钾不易被清水冲洗出来而积累在基质中，这样有可能造成植物的锰中毒，或者造成高锰酸钾对植物的直接伤害。

用高锰酸钾进行消毒时，先配制好浓度约为1/5 000的溶液，再将要消毒的基质浸泡在此溶液中10～30min，之后排掉高锰酸钾溶液，用大量清水反复冲洗干净即可。

C.次氯酸钙或次氯酸钠：次氯酸钙为白色粉末，使用时用饱和溶液，杀菌的原理在于其分解出具有杀菌作用的氯气，氯与蛋白质中的氨基结合，使菌体蛋白质变性，代谢功能发生障碍，从而达到灭菌的效果。

注意次氯酸钙腐蚀金属、棉织品，刺激皮肤，易吸潮散失而失效，平时要密封储藏，最好现配现用，不要储藏太久。

次氯酸钠消毒效果与次氯酸钙相似，但它的性质不稳定，没有固体商品出售，一般可利用大电流电解饱和氯化钠（食盐）的次氯酸钠发生器来制得次氯酸钠溶液，每次使用要现制现用。使用方法与次氯酸钙溶液的方法相似。

D.土壤处理剂：大型容器苗基质以土壤为主时，可以选用一般的土壤处理剂来进行消毒。

方法是将土壤处理剂与基质按一定的比例混合均匀，并堆成圆锥形。然后根据土壤处理剂的说明选择适宜的时期用塑料薄膜覆盖，1～2d后揭膜，待药味挥发掉后可使用。

可运用于此处的土壤处理剂有代森铵、硫酸亚铁、硫黄粉、石灰粉、多菌灵、五氯硝基苯等。

2.5.5 基质性质

2.5.5.1 基质物理性质

（1）容重。指在自然状态下单位容积基质的干重。容重可以反映基质疏松透气的程度，它与基质的粒径、总孔隙度有关。凡总孔隙度小、比重大，其容重就大；反之，其容重就小。一般育苗基质的容重以 $0.2 \sim 0.8 g/cm^3$ 为好，既能固定根系，形成根团，又适合苗木的培育和长途运输。

（2）总孔隙度。指基质中持水孔隙和通气孔隙的总和。总孔隙度大的基质疏松，通透性良好，有利于苗木根系生长，但固定和支持作用较差。总孔隙度小的基质固定和支持作用强，但通透性差，不利于苗木根系发育。适宜育苗基质的总孔隙度一般为60%～90%。

（3）气水比。通气孔隙与持水孔隙的比值称为气水比，通常用1kPa时的气水比来表示，可通过测定通气孔隙（大孔隙）与持水孔隙（小孔隙）的比例而得到，气水比在1∶（1.5～4）时苗木均能生长良好。

（4）缓冲作用。缓冲作用可以使根系生长的环境比较稳定，即当外来物质或根系本身新陈代谢过程中产生一些有害物质危害苗木根系时，基质可以减弱或化解这些危害，维持苗木的正常生长。具有物理化学吸收功能的固体基质都有一定的缓冲作用。

（5）不同颗粒粒径配比。苗木对水分的需要可通过良好的持水性和及时灌溉来解决，而通气性必须靠基质本身的通气孔隙来解决，因而基质的通气性在某种程度上比持水性更为重要。特别是单一成分的基质，颗粒均匀，孔隙也均一，缺少差异性，持水性和通气性的矛盾不易调节，而复合基质则能利用不同成分理化性质的特点达到结构和性能的优化。

（6）基质的持水性。相对来说，基质吸附的水能被植物吸收利用才有意义。基质的颗粒度对持水性也有影响，大的颗粒比表面积小，持水性较差，而细小的颗粒比表面积大，颗粒之间可以形成毛细管，从而保持更多的水分。

（7）基质的导热性。基质的热性质包括热容量、导热率和导温率。研究结果表明，基质导温率越大，则昼夜和年的温度变化所影响的基质深度就越深，即温度能传到较深基质层中；地面热容量越大，则昼夜或热冷季的温度变化较缓和，对一般苗木的生长、发育和开花较为有利。

2.5.5.2　基质化学性质

（1）pH。基质的pH对苗木的影响主要表现在两方面，一方面pH影响营养成分的形态、溶解度和有效性；另一方面不同苗木对pH的要求不同，既有喜酸性的，也有喜碱性的，还有喜中性的。一般来说，基质的pH应为5.5～7.5。pH也影响苗木根际微生物的活动。通常pH＞5.5时，细菌活动旺盛；pH＜5.5时，真菌活动增强。

（2）电导率。反映基质中可溶性盐分的多少，将直接影响营养液的平衡和幼苗生长状况。电导率取决于根系周围的盐浓度，另外还受基质自身的养分数量、状况、阳离子交换量以及栽培植物对养分需要量的多少和吸收养分的能力等影响。

（3）阳离子交换量。阳离子交换量（CEC）以1 000g基质交换吸收阳离子的厘摩尔数（cmol/kg）来表示。其主要由矿物黏粒和有机质表面所携带的阳离子数量决定，它决定着基质保持和供应养分的能力、基质对酸和碱的缓冲性能等。CEC值越大，基质保持和供应养分的能力、基质对酸和碱的缓冲性能越大。

（4）养分与水质。灌溉水的碱度越大，就会有更多的重碳酸盐消耗基质中的氢离子，导致基质中的pH越来越高。水中可溶性盐的含量不应超过0.75mS/cm。可溶性盐在水、基质肥料中的积累会阻止根的发育，导致烂根。另外，还应考虑水中的养分含量。

2.5.5.3　基质生物学性质

基质生物学性质主要受微生物和植物根系活动的影响，这种影响又直接表现为基质的理化性质发生变化，具体表现为：总体积减小，总孔隙度下降，1kPa时的气水比增大；空气含量减少，持水量加大；基质的粒径发生变化；由于微生物的呼吸作用，CO_2的含量增加，基质中气体成分比例发生变化，pH和CEC值增加；盐分发生累积，EC值增大。

基质的稳定性主要受C/N的控制，稳定性也可用C/N来估测。C/N小的有机基质分解慢、稳定性高。但仅知道C/N是不够的，还必须考虑有机质的化学组成。如木质素、胡敏酸类含量高的则分解较慢，而纤维素和半纤维素含量高的则分解较快。法国的研究机构采用了基质中有机组分的生物化学稳定性指标来评价基质的稳定性，如泥炭的稳定性为70%～100%，针叶树皮为65%～100%，落叶树皮为50%～100%，木屑为10%～40%，农业废弃物为15%～50%，城市垃圾肥为15%～65%，秸秆为5%～35%。

第3章
果树容器大苗培育及高效建园关键技术

3.1 概述及意义

果树容器大苗是指普通2年生裸根苗在容器中培养3年，育成的符合定植要求的大规格苗木。容器大苗地径一般为3～5cm，高1.5～2m（因树种而异），具有该树种的树形结构，并配备了一定数量的主枝和侧枝，定植后缓苗期很短或没有缓苗期，当年即可开花结果，较常规定植早3～4年进入结果盛期。

无损伤大苗建园是指在移植大型果树进行建园时尽量减少对根系和枝干的损伤。传统上，在移植过程中会剪去果树部分主要根系和枝条，这样会导致大量养分和水分损失，对果树的生长产生不利影响。而无损伤大苗建园技术则通过先行培育出具有完整根系和树形结构的大苗，并在适宜的时期进行移植，最大限度地减少对果树造成的损伤。

传统果树苗圃采用露地育苗、起苗、包装、运输等方式生产经营商品苗，受气候、立地条件等因素影响而导致苗木的商品性、成活率、整齐度出现较大差异。果树容器大苗培育是容器育苗与组培育苗、无土栽培育苗、设施苗圃中的苗木栽培相结合的新型育苗方式，能够保证用于建园的大苗的成活率、整齐度，同时提早进入结果期。

无损伤大苗建园可以提高果树移植后的成活率和生长速度。由于移植过程中对果树造成的损伤较小，果树能够更快地恢复生长，并且不易出现移植失败或生长迟缓等问题。这种技术也能够减少人工修剪和管理的工作量，降低种植成本。

随着果树生产的发展，国家政策的调控，如何进一步开发利用苗圃资源，培育出品种丰富、质量优良的苗木，实现低成本、高产出的可持续生产，已成为果树产业亟待解决并且越发重要的课题。在现代果树种植中，广泛运用果树容器大苗高效建园技术不仅能够提高果树品质、增加产量，还能够减少对环境的影响和资源消耗，为果树种植业的可持续发展做出贡献。因此，进一步研究和推广该技术对果树产业的发展具有重要意义。

3.2　果树容器大苗培育

3.2.1　圃地选择

苗圃是培育和生产优质果树苗木的基地。近年来，果树栽培制度体系不断变革，对优质果树苗木的需求愈加迫切。大中型的专业苗圃，可生产高规格、多种类和品种优良的纯正苗木，是今后育苗的主要趋势。苗圃地的选择应以当地实际情况为基础，因地制宜，着重注意以下几点：

（1）选址。苗圃地应设在需要苗木地区的中心，交通方便，以减少苗木运输费用和在运输途中的损失。苗木要能适应当地的生长环境条件，栽植成活率高，生长良好。圃地周围环境不受污染（远离煤烟、毒气、废水等），远离果树病虫害较严重的地方。冰雹严重发生、易遭人畜践踏、大风口及易受水淹低洼地段不适合作为苗圃用地。

（2）地势。苗圃地应选择平坦、开阔、向阳背风、排水方便、地下水位低的平地或缓坡地带。

（3）土壤。若育苗基质采用土壤基质，则土壤以疏松肥沃、酸碱度适宜、排水良好、有机质丰富的沙质壤土和轻黏壤土为佳。沙质壤土和轻黏壤土理化性质好，有利于土壤微生物的活动和幼苗生长。

通常土壤的酸碱度以中性、微酸性或微碱性为好。

（4）灌溉。容器育苗期间需水量很大，灌溉设施是苗圃地建设的必要条件。因容器容积有限，在育苗期间要保证水分及时供应。苗圃地应选在水源充足、水质良好的天然水源附近或者地下水丰富的地方，忌用危害苗木生长的污水灌溉。

3.2.2　育苗容器

育苗容器的种类与选择详见第2章。育苗容器材料以硬塑盆、软塑盆、不溶性无纺布为好。硬塑盆、软塑盆大部分能回收利用，成本低，缺点是透气性不好，可在底部和侧壁增加排水透气孔数或增大基质的透气性，效果也较为理想。容器的直径和高度依苗木的大小及时更换，使根系逐年扩展。

为了避免根系在容器中盘成团，可采取以下3种措施：

①在容器内壁上制作引导根系生长的突起棱，当根系生长至容器壁时，会沿突起棱向下生长而不会在容器内盘旋。

②在容器内壁上涂碳酸铜，当苗木根系接触到重金属铜离子后会停止生长，从而防止根系盘旋。但碳酸铜会污染环境，对苗木生长造成不利影响，尽量不采用。

③应用"气剪根"技术，容器制作时，在壁上留出缝或孔，根系长到边缝接触到空气时，根尖便停止生长，同时又能促进形成更多侧根而不会形成盘旋根。脱袋定植后根尖又可继续生长，形成发达根系，如果生长季节容器埋入土中，则此方法不适用。

3.2.3　育苗基质

育苗基质的选择与配制详见第二章。常用的育苗基质可按壤土：腐叶土（腐熟有机肥）=1：1的比例配制，每立方米加入磷酸二铵5kg、硫酸钾1kg，捣碎混匀备用。如果有条件可以采用无土基质栽培，那样水分、养分及通气条件会更好，而且重量轻，易于搬运。

3.2.4 苗木选择

选择苗干粗壮、根系发达、芽体饱满、无多头、无病虫害、色泽正常、木质化程度好的2年生壮苗进行培养，虽然这样会增加苗木成本，但可以缩短容器大苗的培育年限，降低总成本。

3.2.5 苗木管理

3.2.5.1 肥水管理

每年秋季倒盆时施入优质的腐熟鸡粪或其他有机肥，配施氮、磷、钾肥及微肥作为基肥。追肥掌握少量多次的原则，水溶性肥料结合浇水一同施入，浓度为0.3%～0.5%。速生期以追施氮肥为主，生长后期停施氮肥，适当增施磷、钾肥，促使苗木木质化。追肥宜在傍晚进行，不在午间高温时施肥，追肥后及时用清水冲洗被污染的叶面。

容器内基质体积有限，水分自我调节能力弱，浇水要适时适量。幼苗移植进容器后随即浇透水，生长初期多次适量勤浇，保持基质湿润；速生期应量多次少，在基质干燥到一定程度后再浇水；生长后期控制浇水防止枝条旺长。雨季注意排水防涝。

3.2.5.2 整形修剪

根据树种、树形要求进行修剪，修剪方法与常规类似，应多用刻芽、疏芽、疏嫩枝、拿枝、拉枝、摘心等措施，少用短截、疏枝，防止树体营养无端浪费。定植前以培养树体的粗壮骨架为目的，不宜留花留果。具体修剪方法见各树种修剪方法。

3.2.5.3 容器大苗其他管理

小苗可在平地摆放，寒冷地区冬季应移入保温设施内或埋地防寒。随着苗木的生长及时调整容器摆放的行株距，大苗可埋地栽培，风大的地区要有固定枝干的设施。倒盆后要注意保护枝干，最好使用合适的起吊设备。容器内杂草需采用人工方法除去，除小除了，不宜使用除草剂。

3.2.6　苗木出圃

　　苗木出圃是育苗工作的最后环节。出圃前的准备工作主要包括：①对苗木种类、品种、各级苗木数量等进行核对和调查。②根据调查结果及订购苗木情况，制订出圃计划及苗木出圃操作规程，与购苗单位和运输单位联系，及时分级、包装、起运，缩短运输时间，保证苗木质量。

　　起苗时期依果树种类及育苗地区而异。落叶果树多在秋季苗木新梢停止生长并已木质化、顶芽已形成的落叶期进行。常绿果树通常分为春、秋两季出圃。春季出圃应在春梢萌发前起苗；秋季出圃应在新梢充分成熟后起苗。起苗前一周应浇1次透水。

　　容器大苗在出圃前一般要停止浇水，以减少重量，便于搬运，但在干旱地区出圃前应适当浇水保持墒情。出圃前可对苗木进行修剪，原则是宜少宜轻，可少修剪或不修剪。装车卸车动作要轻，最好使用专业的起吊机械。运输过程避免大的颠簸，防止震散容器内的土坨。定植时去掉容器，定植后踏实浇水，发现歪斜的要及时扶正。生长季节种植，风大的地区要绑支柱固定树体，以防吹歪。

3.3　果树容器大苗高效建园关键技术

　　容器大苗一年四季均可移栽，特别是高温干旱季节，移栽不会影响成活率，具有生产周期短、苗木质量好、运输方便、移栽成活率高、易于管理等诸多优点，可以发挥最大的优势。具体优点如下：

　　①无损伤田间移栽建园由于移栽时间范围宽，全年任何时间都可移栽，所以在控根容器大苗移栽前，有充分的时间对定植点的土壤、施肥、灌水等条件按栽植计划进行细致的前期准备工作，为果园的长期发展奠定良好基础。

　　②控根大苗无损伤大田移栽建园能够保证栽植成活率，而且保证树体大小、长势、树形等基本整齐。

　　③节约建园成本，提早结果，提高经济效益。无损伤大苗建园

能免除常规定植至初果期之间的田间管理人工成本和生产资料投资，且能保证建园移栽翌年或移栽当年结果，提高经济效益。

④大苗在容器中培育期间，由于容器对根系的控制作用，以及通过肥水对树体生长势调控，果树可以实现提早成花，并且培育形成的大苗无损伤移栽后，容器对根系的控制作用在一定时间内还会对树体产生作用，再加上提早结果的以果压冠作用，能够更好地实现乔化密植效果。

> **建园总体要求**
>
> 　　建立果园是果树栽培的一项重要基础建设，科学建园是获得优质果品的前提条件。建园前要收集各方面信息，综合考察，进行园地规划，选择合适的栽培模式，集约化管理，使新建果园既符合市场经济对现代果品的要求，又具有现实可行性，为将来优质丰产奠定基础。

3.3.1　园地选择

3.3.1.1　平地

同一平地范围内，土壤和气候条件基本一致，并且平地土层较深厚，水土流失少，有机质含量较高。在平地上建园，果树根系入土深，有利于果树生长，易实现早结果、丰产，同时省时省工，有利于机械化操作。但平地果园通风、光照和排水均不如山地、丘陵等地的果园，果实品质也相对较差。

在平地建园时，应选择土层深厚、地下水位低、透气性好、排水良好的地块，同时挖排水沟，进行高畦垄作栽培以规避一些自然灾害。

3.3.1.2　山地

果树上山上坡对调整和优化山区经济结构具有重要的现实意义。山地具有通风透光、温差较大、光照充足等气候特点，果实色泽好、糖分含量高、风味好、耐储藏，同时病虫害较轻，树体健壮、寿命长。由于地形起伏变化以及海拔高度的差异，山地往往表现出较为复杂的垂直气候特点。

山地建园时，应充分进行调查研究，掌握山地气候垂直分布带与小气候的变化特点，特别是海拔高度、坡度、坡向及坡形等地势条件对光、温、水、气的影响，选适宜小气候带、非冷空气沉积区域土层深厚肥沃、水源充足的地方建园。

3.3.1.3　丘陵地

通常将顶部与麓部相对高差小于200m的地形划为丘陵地，相对高差小于100m的丘陵称为浅丘，相对高差为100～200m的称为深丘。浅丘的特点近于平原，深丘的特点近于山地。

相较于深丘，浅丘坡度缓，冲刷程度轻，土层厚，顶部与麓部环境因子差异较小，建园投资较小，交通方便，易于机械化操作，是较为理想的建园地点。但无论是浅丘还是深丘，建园前，都应做好水土保持工程、灌溉设施建设以及果园作业通道规划与铺设，因地制宜实施农业技术。

3.3.2　果园规划

进行科学的果园设计与栽植，是果业生产现代化、商品化和集约化的首要任务和重要工作。果树是多年生植物，果园规划应顾及长远。建园前应对园地基本情况进行调查，包括社会经济状况、果树生产状况、自然气候条件、地形及土壤条件、灌排水条件等，之后进行地形的测量并绘制地形图。对果园进行土地规划时，应按地形地貌进行小区划分，如道路系统的布局和安排以及排灌系统、防护林系统和果园建筑物的设置等。此外，还应考量经营目的、平衡当前长远效益，将荒山改造纳入规划体系，适应现代化管理模式，并结合果园规模等要素，制定出科学合理且具有前瞻性的果园规划方案。

3.3.2.1　小区划分

果园小区（作业区）是果园的基本生产单元，其直接影响果园的经济效益，是果园规划的一项重要内容。

（1）划分依据。小区面积的大小、形状和方位等都要与当地的地形、土壤、气候特点及现代化生产的要求相适应；并能与果园道路系统、水土保持及排灌系统的规划很好地结合；有利于果园自然灾害的防御等，因地制宜地划分作业区。

（2）小区形状及面积。小区的形状多以长方形为主，长∶宽为（2～5）∶1，方便农机直线操作。平地果园小区长边应与当地有害风方向垂直，使果树行向与长边一致。山地或丘陵地果园小区多呈带状长方形，其长边与等高线走向一致，随弯就势，提高水土保持效率。

平地建园，每个小区面积可考虑为30～65亩[①]，以5个小区为一个小果园，以10个小果园为一个大果园。原则上要求同一小区内的气候、土壤、品种等基本保持一致，便于有针对性地栽培管理。

山地、丘陵地建园，小区面积以10～15亩为宜，以山头或坡向划分小区，小区间以道路、防护林、汇水线或分水岭为界。一般应改建成梯地，沿等高线设行，行长随地形、道路、排水沟或防风林带距离而定。在山地建园，小区划分的原则是因地制宜，随地形、地势而划分。

3.3.2.2　道路系统

良好且合理的道路系统是果园的重要设施之一，也是现代化果园的标志之一。道路规划设计合理与否，直接影响果园的运输和作业效率。因此，在建园时必须予以足够的重视。在规划各级道路时，应注意与作业区、防护林、排灌系统、输电路线及机械管理等相互结合。

在中、大型果园中，道路系统由主路（干路）、支路和小路三级组成。主路一般布置在种植大区之间，主、副林带一侧，贯穿全园。路面宽度以能并行两辆卡车为限，一般宽度为6～8m，以便运输产品和肥料等。支路一般布置在大区之内、小区之间，路面宽度以能并行两台动力机械为限。一般宽度4m，并与主路垂直相接。小区内和环园路可根据需要设计小路，路面宽度1～3m，以行人为主。

小型果园，为减少非生产占地，可不设主路和小路，只设支路。

---

①　亩为非法定计量单位，1亩 = 1/15hm²。——编者注

山地、丘陵地果园的道路应根据地形布置。顺坡道路应选坡度较缓处，根据地形特点，迂回盘绕修建。横向道路应沿等高线，按3%～5%的比降，路面内斜2°～3°修建，并于路面内侧修筑排水沟。支路应尽量等高通过果树行间，并选在小区边缘和山坡两侧沟旁，以与防护林结合为宜。修筑梯田的果园，可以将梯田的边埂设为人行小路。

3.3.2.3 排灌系统

（1）排水系统。山地或丘陵地的果园排水系统，主要包括梯田内侧的背沟、栽植小区之间的排水沟及拦截山洪的环山沟等。平地果园的排水沟主要由主排水沟和畦沟组成，主排水沟一般宽1m、深80cm左右，畦沟一般宽60cm、深50cm左右。

（2）灌溉系统。蓄水池的数量和容积依果园面积大小而定，大致可按每株每次50kg需水量的标准计算蓄水池的容积。经济条件允许的情况下，可以投资建设肥水一体化系统，能大大节省灌溉和施肥的人工投入，一举解决灌溉和施肥问题，还可减轻病虫害和冻害的发生。山地果园可利用落差，在地面铺设（地下埋设）水管，每隔20m左右安装1个露出地面的水龙头，连接塑管进行浇灌。条件好的果园可以利用落差安装固定式自动喷灌或滴灌设备。

3.3.2.4 辅助建筑物

果园辅助建筑物包括办公室、财务室、车辆室、工具室、肥料农药库、配药池、果品储藏库、职工宿舍、积肥场、生活用房、分级包装房、小型冷库、农机库房等。其建筑规模可根据果园大小而定，建筑物位置视地形地貌而布局，以便于果园管理和操作。

3.3.3 树种、品种选择及授粉树配置

3.3.3.1 树种、品种选择

建园时果树树种和品种的选择应注意以下几个问题。

①具有独特的经济性状，包括生长健壮、抗逆性强、丰产、质优、外观及内在品质优异等。

②适应当地气候和土壤条件。

③根据生产者的管理水平及果树生产发展的趋势，如在保证产量和品质的前提下，选择免套袋栽培品种可以省工，节约生产成本。

④适应市场需要，经济效益高，可根据消费市场、运输条件及品种储藏性选择相应品种（品系）。

3.3.3.2 授粉树的选择与配置

合理配置授粉树是实现优质、稳产、高产的关键措施。很多果树具有自交不亲和或雌雄异株等现象，两个或两个以上品种混栽可获得更高更稳定的坐果率和产量。

授粉树品种应具备如下条件：

①与主栽品种花期相同或相近。

②粉量大、发芽率高，与主栽品种授粉亲和力强，花粉直感效应明显。

③与主栽品种授粉结实率高，能产生经济价值较高的果实。

④与主栽品种同时进入结果期，年年开花，经济结果寿命相近。

一般授粉树按照10%～20%的比例配置，主栽品种与授粉品种之间的距离应在20m以内。授粉树配置方式有中心式、行列式或等高式。授粉树配置比例及配置方式，应根据授粉品种与主栽品种相互授粉亲和情况及授粉品种的经济价值而定。若授粉品种的经济价值与主栽品种相同，且授粉结实率高，可等量配置，若授粉品种经济价值低，在保证充分授粉的前提下可低量配置。

3.3.4 果树栽植

3.3.4.1 栽植准备工作

（1）定点挖穴。根据预定的栽植设计，按点挖栽植穴，穴深和直径一般均为0.8～1m，可根据容器苗大小进行调整。密植果园挖栽植沟，沟深与沟宽一般均为0.8～1m。挖穴或挖沟时将表层土与深层土分开堆放，有机肥与表层土混合回填后再进行植树。在条件较差的地区应挖大坑，结合改土后进行果树栽植，在土壤条件较好的地区应适当减小定植穴。

（2）苗木准备。容器大苗可直接栽植或去除容器后进行栽植，在栽植前应仔细核对苗木品种、数量、规格等，进行苗木质量检查与分级，并登记挂牌。

（3）肥料准备。可按每株100～200kg有机肥或每亩需有机肥5～10t的量准备。具体肥料需要量可根据果园土壤营养状况和栽植树种进行调整。

3.3.4.2　栽植时间

果树栽植时间应视当地的气候条件与树种而异，大多数果树可在秋、春两季定植。秋植在落叶后到土壤封冻前进行，一般在10月下旬至11月中旬，此时地温较高，空气较湿润，栽后易发新根，缓苗期短，成活率高，翌年立春后能迅速生长。霜冻到来之时应停止栽植。春植在土壤解冻后至发芽前进行，一般在3月下旬至4月上旬，高海拔区域或土壤解冻迟的地区栽植时间相应延后，在冬季较冷、秋冬干旱又无灌溉条件、春季有较好雨水保障的果园则以春季栽植更好。

容器大苗及带土移植的苗木，根系受伤轻，只要避开恶劣天气和嫩梢盛发期，其他不论何时都可栽植。

3.3.4.3　栽植密度

合理的密度能充分利用土地资源和光能，对果树稳产、丰产、优质有重要作用。栽植密度（株行距）应适当大于最终的树体大小，使成龄果园既保证树冠通风透光、减少病虫害发生、提高果实品质，又便于果园管理作业。使用机械作业的果园，则应考虑果园机械对密度的要求。

（1）确定栽植密度的依据。

①树种、品种和砧木的特性。不同树种和品种的生长发育特性不同，树高与冠幅是确定栽植密度的重要依据。树冠高大，株行距应加大，反之应减小。

②土壤条件。土壤条件较差的地区，果树株行距可小些，反之株行距可适当加大。

③气候条件。不利的气候条件限制果树生长，栽植距离应适当加密，反之加大栽植距离。

④栽培技术。根据栽培技术可对栽植密度进行调整。

（2）常见果树栽植密度。见表3-1。

表3-1　常见果树栽植密度参考

树种		株距（m）	行距（m）	栽植密度（株/亩）
苹果	乔化砧	3～4	5～6	27～44
	半矮化砧	2～3	4～6	37～83
	矮化砧	1.5～2	3～4	83～148
梨	乔化砧	3～4	5～6	27～44
	矮化砧	1.5～2	4～6	55～111
葡萄	棚架	1～2	4～5	66～168
	篱架	1～1.5	2～3	111～333
樱桃		3～4	4～5	33～55
枣		3～4	5～6	28～44
柿		4～5	5～6	22～33
山楂		3～4	4～5	33～55
桃		3～4	4～5	33～55
杏		4～5	5～6	22～33
李		2～3	3～4	55～111

3.3.4.4　栽植方式

在一定的密度下，采用适宜的栽植方式，可以充分利用土地和光能，便于管理和抵御不良自然环境，这是组成丰产群体结构的重要内容。常用的栽植方式如下：

（1）长方形栽植。行距大于株距，行距与株距的比例依树冠的大小和整形方式而异，是当前生产中应用最多的栽植方式。其优点是通风透光好，耕作管理方便，适于密植。

（2）正方形栽植。行株距相等，各株相连成正方形。其优点是通风透光良好；缺点是树冠易郁闭，光照较差，间作不便，应用较少。

（3）等高栽植。适用于山地、丘陵地果园。以等高线为基础，行距不等，株距一致，行向沿坡等高，便于修筑水平梯田或撩壕，可以较好地保持水土。

3.3.4.5　栽植方法

山地、丘陵地建园一般采用等高栽植，栽植时应掌握"大弯就势，小弯取直"的方法调整等高线，并对过宽、过窄处适当增减植树行线，在行线上按株距挖定植穴。平地建园根据土壤类型进行全园深翻或定植带深翻。栽植时，将容器大苗放入定植穴，扶正苗干，边埋土，边提苗，并用脚踏实，使根系与土壤密切接触。栽植后乔砧苗木嫁接口应高于原地面3～5cm，矮砧苗木嫁接口应高于原地面5～8cm，常绿果树栽植后还应剪去部分枝叶，以提高栽植成活率。

3.4　果园管理

容器大苗定植后应及时浇足定根水，每株灌水40～50kg，然后及时平整树盘，覆盖地膜，并将地膜四周压严压实，以保温、保湿，提高成活率。容器大苗根系发达，且移栽过程中根系不受损伤，需水量大，因此定植一个月内，要勤浇水。结合苗木生长情况、季节、土壤水肥状况、自然降水量灵活进行水肥管理。灌水时应注意避免大水漫灌，因其易导致土壤板结而影响苗木根系和新梢的生长。同时根据不同树种的需肥特性进行施肥管理，以达到加速生长、早期丰产的目的。

因容器大苗已具备该树种树形，因此栽植后不需回缩修剪，轻打头即可。

能安全越冬且生长充实健壮的苗木，用涂白剂对其主干及主枝基部进行涂白，可防病、防冻、防日灼。

温馨提示 •

　　有条件的果园可在土壤封冻前进行全园灌水，提高土壤含水量，防止苗木失水和冻害。

　　灌封冻水时土壤不能封冻，气温不能太低，否则会在园地表面产生冰盖，使根系遭受冻害。

　　春季发芽时，检查成活情况，发现不成活植株，应及时补栽。

　　风大的地区，应设立柱或支架扶苗。灌水后出现苗木歪斜现象，应及时扶直并填土补平栽植坑。此外，还应及时进行施肥、整形修剪、病虫害防治和中耕除草等工作。

第4章
苹果容器大苗培育及高效建园关键技术

4.1 主要栽培品种

晋霞

来源>> 富士和津轻杂交选育的中熟品种。

单果重>> 平均230g，最大281g

可溶性固形物>>13.69%

特征特性>> 果实圆锥形，果面光洁、艳丽，果皮薄，肉质细，甜酸适中，有香气，品质上等。采收期果实去皮硬度7.37kg/cm^2。9月中旬成熟。树势较强，萌芽率高，成枝力中等；果台枝连续结果能力强；采前落果轻，较抗白粉病、腐烂病等，稳产、丰产（图4-1）。

图4-1 晋霞

丹霞

来源>> 从金冠实生苗中选育而出。

单果重>> 平均225g，最大280g

可溶性固形物>>15%以上，最高20%

特征特性>> 果实圆锥形，底色黄绿，被鲜红条纹，有蜡质；果实色泽鲜红艳丽，肉质致密、细脆；香气浓，汁液多，甜香适口，采收期去皮硬度8.48kg/cm²。晋中地区10月初成熟。成枝力强，短枝系数高，以短果枝结果为主；成花容易，抗早期落叶病和白粉病，早产、丰产（图4-2）。

图4-2 丹霞

绯霞

来源>>红玉和丹霞杂交育成的晚熟品种。

单果重>>平均185g，最大229g

可溶性固形物>>15.4%

特征特性>>果实短圆锥形或圆形，果面底色浅黄，被鲜红色条纹，光洁艳丽，果点较小，果柄短，果皮较薄。果肉乳黄色，肉质致密汁液多，酸甜适口，香味浓，品质上等，采收期果实去皮硬度7.17kg/cm²（图4-3）。

图4-3 绯霞

晋富1号

来源>>红王将的早熟芽变。

单果重>>平均208g，最大284g

可溶性固形物>>14.1%～15.2%

特征特性>>果实近圆形，果实底色浅黄，阳面鲜红色；果肉浅黄色，汁液较多，果实成熟期9月中旬（图4-4）。

图4-4 晋富1号

4.2　苹果容器大苗培育

4.2.1　育苗容器与基质

容器大苗育苗容器的选择与填充详见第2章。一般情况下，苹果容器大苗的培育选用直径40cm、高50cm的控根容器，周边密布透气、透水孔，透气孔直径1cm，或者选用同规格无纺布容器。

苹果容器大苗育苗基质的配方一般为：普通沙壤土4份、腐熟农家肥3份、草炭土3份。充分混匀后填充到容器内，填充至距容器口3～5cm处。

4.2.2　苗木选择

选择品种纯正、根系发达、无病虫害的苹果嫁接苗定植在容器中进行培育。将苗木栽入容器内时，保证苗木根系舒展，用土压实。栽植深度以苗木原土印为准，不可过深或过浅。苹果苗木的选择可参照表4-1。

表4-1　苹果苗木等级规格指标

（引自GB 9847—2003）

项目	等级		
	一级	二级	三级
基本要求	品种和砧木类型纯正，无检疫对象和严重病虫害，无冻害和明显的机械损伤，侧根分布均匀舒展、须根多，接合部和砧桩剪口愈合良好，根和茎无干缩皱皮		
粗度≥0.3cm，长度≥20cm的侧根（非矮化自根砧苗，条）	≥5	≥4	≥3
粗度≥0.2cm，长度≥20cm的侧根（矮化自根砧苗，条）	≥10		

（续）

项目	等级		
	一级	二级	三级
根砧长度（cm）			
乔化砧苹果苗	≤5		
矮化中间砧苹果苗	≤5		
矮化自根砧苹果苗	15～20，但同一批苹果苗木变幅不得超过5		
中间砧长度（cm）	20～30，但同一批苹果苗木变幅不得超过5		
苗木高度（cm）	＞120	＞100～120	＞80～100
苗木粗度（cm）			
乔化砧苹果苗	≥1.2	≥1.0	≥0.8
矮化中间砧苹果苗	≥1.2	≥1.0	≥0.8
矮化自根砧苹果苗	≥1.0	≥0.8	≥0.6
倾斜度（°）	≤15		
整形带内饱满芽数（个）	≥10	≥8	≥6

4.2.3 苗木管理

4.2.3.1 肥水管理技术

（1）施肥管理。苹果树对营养的需求具有明显的年龄性和季节性特点。从苹果嫁接苗定植于容器到开花结果这段时期属于营养生长期，这一时期一般不结果（2～3年）。幼树期苹果树对养分的需要量相对较少，但对养分很敏感。需氮量较多，需磷、钾量较少。幼树期苹果要充分积累更多的储藏营养，及时满足幼树树体健壮生长和新梢抽发的需要，使其尽快形成树体骨架，为以后的开花结果奠定良好的物质基础。容器大苗培育第3年，苹果树已进入初结果期，既要促进树体储备养分，使树体健壮生长，提高坐果率，又要控制无效新梢的抽发和徒长，施肥以磷肥为主，配施钾肥，少施氮肥。

苹果树的营养状况在年周期内不尽相同，表现为：春季树体营养从多到少，夏季处于低营养时期，秋季营养开始积累，到冬季营养又处于相对较高时期。掌握营养物质的合成运转和分配规律，有利于克服果园管理中的片面性，从而达到优质、稳产、丰产、高效的目的。

苹果施肥应坚持测土配方、以有机肥为主、配合施用各种化学肥料的原则，使基质有机质含量超过1.5%。化学肥料的施用要注意多元复合，最好施用全素肥料。

（2）水分管理。水分管理应依据苹果年周期内的需水规律、当地自然降水的特点，并结合果园灌溉与立地条件制定全年技术路线和管理方案。苹果树的灌水量依品种和砧木特性、树龄大小、土质、气候条件而有所不同，容器苗灌水量应根据实际情况增减，如夏季遇炎热天气应每天浇水。一般应抓好如下3个时期的灌水。

①花前水。又称催芽水。在苹果树发芽前后到开花前期，若土壤中有充足的水分，可促进新梢的生长，增大叶片面积，为丰产打下基础。

②花后水。又称催梢水。新梢生长和幼果膨大期是苹果树的需水临界期，此时苹果树的生理机能最旺盛。这一时期若遇久旱无雨天气，应及时灌溉，一般可在落花后15d左右至生理落果前灌水。

③封冻水。冬季土壤冻结前，必须灌1次透水，以保证植株安全越冬，并可以防止早春干旱，对翌年生长结果有重要作用。

4.2.3.2　整形修剪技术

修剪方法包括短截、疏剪、回缩、缓放、弯枝、伤枝等。苹果树几种常见树形的培养技巧如下。

（1）高纺锤形。

①树体结构。主干高80～90cm，树高3.5～4m，主枝与中心干粗度之比为1：（5～7），中心干上留30～50个小主枝，主枝水平长度为0.8～1.2m，主枝与中心干夹角为90°～120°；成龄后的树体冠幅小而细长，呈纺锤状，枝量充足，无永久性大主枝，结果能力强。

②培养技巧。第1年，栽植后根据苗木质量决定是否需要定干，若栽植的苗木质量较差，栽后在距地表70～100cm饱满芽处定干；苗木质量好的栽植当年不需要定干。萌芽后抹除距地面50cm以下的全部萌芽。当新梢长至10～15cm时进行摘心，同时可用牙签等对枝条进行开角，使其基角为80°～90°，且摘心可多次重复进行。8月上旬至9月中旬，选择分布均匀、间距20cm左右的新梢作为骨干枝，并将其拉至100°～120°。冬剪时将其他枝条全部疏除，凡是粗度大于中心干分枝着生处粗度1/3的分枝都要予以疏除，5～20cm长度的细弱分枝予以保留，疏枝时注意剪口平斜，以促发剪口下的轮痕芽来年发枝。对于中心干优势不强的树，可采用饱满芽处短截的方法处理中心干的延长头，促发强旺新梢，代替原来的延长头。

第2年，对于中心干上缺枝的部位，可在萌芽前进行刻芽处理或者涂抹发枝素，以促进定位发枝。同侧主枝保持10～15cm的间距，抹除夹角内萌芽，将去年休眠期修剪留下的弱枝拉至120°；当年萌发的枝条，长度超过50cm的，在春梢停长后也及时拉枝。冬剪时，疏除强旺的主枝。

第3年，树体基本成形，部分果树进入初果期，修剪方法主要是疏除和长放。冬季修剪时，中心干延长头缓放，不进行短截，疏除中心干上着生的竞争枝、过密枝和基角没有打开的强旺枝，疏除时同样采用斜剪口。其余枝条缓放不剪，并拉大角度。夏季修剪时，结合拉枝、摘心和疏枝等手段平衡主枝的生长势，调整树体结构，促进花芽分化。修剪时注意及时疏除中心干上过粗过长的大枝，直径3cm以上的枝不予保留，对开张角度过小的主枝要及时开角或疏除。主枝上的下垂结果枝组要适时回缩，以更新复壮。中心干延长头要用弱枝带头，同时保证树冠顶部保留一定量的直立旺枝，以维持树体健壮树势。

（2）细长纺锤形。

①树体结构。主干高70～80cm，树高3～3.5m，主枝与中心干粗度之比为1：（3～5），中心干上留15～20个小主枝，主枝水平长度1～1.5m，主枝夹角90°左右。成龄后的树体冠幅呈细长纺锤

形，中心干上呈螺旋状分布着15～20个主枝，整形技术简单，易管理。

②培养技巧。第1年，栽植后根据苗木质量决定是否需要定干，具体操作同高纺锤形。春季萌芽前，在中心干分枝不足处进行刻芽促发新枝，萌芽后，中心干延长头保留顶芽，抹除顶芽下20cm内全部芽体，抹除侧生枝背上直立枝，抹除夹角内萌芽，选留主枝并拉至110°；冬剪时疏除中心干上强旺的1年生新梢，中心干延长头长放。

第2年，对已拉平的枝条及中心干延长枝进行刻芽，并拉平中心干上发出的新梢，继续第1年的方法选留、疏除枝条。

第3年，中心干延长头不短截，进行缓放，中心干延长头附近的竞争枝和中心干上着生的过密枝通过斜剪口进行疏除，其他的主枝缓放不剪，并开张角度。保持主枝单轴延伸，主枝上萌发的把门枝、直立枝要从基部予以疏除。夏季修剪结合拉枝、摘心、疏剪等手段进行树体结构的调整，保持树势平衡，促进花芽分化，以保证树体稳定结果。

（3）小冠疏层形。

①树体结构。主干高50～70cm，树高2.5～3m，全树共5～6个主枝，分2～3层排列，第1层3个，第2层1～2个，第3层1个（或无）。第1层与第2层间距70～80cm，第2层与第3层间距50～60cm，其上直接着生中小枝组。

②培养技巧。第1年，春季萌芽前定干，干高70～80cm，剪口下留20～30cm整形带，整形带内全部刻芽，整形带下的芽全部抹除。8月上旬至9月中旬，在整形带内选出3个主枝并将其拉至60°～70°，同时调整主枝的方向，使其均匀分布在中心干上。冬季修剪时，主枝剪留60～80cm，中心干延长头剪留80～90cm，在中心干上萌发的枝条中选方向适宜的2个枝条作为第2层主枝，并疏除第1层主枝延长枝的竞争枝，其他枝长放不剪。

第2年，春季萌芽前将主枝上的饱满芽全部刻芽，促发短枝。8月上旬至9月中旬，将选留的第1层的3个主枝开角至70°左右。冬季修剪时，在中心干上萌发的枝条中选方向适宜的2个枝条作为第2层主枝，并疏除第1层主枝延长枝的竞争枝，其他枝长放不剪。

第3年，重点培养第2、3层主枝，培养方法同第1层主枝。树形基本形成，部分果树进入初果期，修剪方法主要是疏除和长放。在保证树体健壮生长的同时，层性和主从关系要明显，避免上强下弱、下强上弱现象，并注意调节营养生长与生殖生长的平衡。

4.2.3.3　花果管理技术

苹果容器大苗在第3年培育期间，部分品种会进入初果期。花果管理技术包括保花保果、疏花疏果、果实套袋、增色等技术措施。

（1）保花保果。保花保果目的是提高坐果率，而坐果率是产量构成的重要因素，尤其是在花量较少的年份。主要措施有创造良好的授粉条件、花期放蜂授粉、花期喷水、化学控制技术（喷施植物生长调节剂）、高接授粉花枝和环剥、摘心和疏花等。

（2）疏花疏果。优质果品要求果实形正、个大、整齐度高，果面光洁色艳，果肉质脆、汁液多、味甜，耐储藏且无污染、无有害物质残留。为此在良好的土肥水管理基础上，首先要做好疏花疏果限产增优工作。生产上确定果树负载量主要依据以下原则：一是保证良好的果品质量，二是当年能形成足够的花芽量，三是保证果树具有正常的生长势，使树体不衰弱。确定适宜留果量的方法主要有经验法、干周和干截面积法、叶果比法和枝果比法、距离法等。

（3）果实套袋。果实套袋是目前生产绿色果品的有效方法之一。优质苹果生产实行全套袋栽培管理。果实套袋成功的关键在于选良种、选好园、选好树、选优果、选好袋，因此需按正确方法操作，以取得最好的效果。关键技术包括果袋选择、套袋时期、选树选果、套袋前的准备、套袋方法、幼果期管理和适时摘袋等。

（4）增色。除袋后沿树冠投影下带状覆压反光膜，促进果实全面着色，尤其可使冠下、内膛果实充分着色。红色品种于成熟前20～30d（套袋果结合除袋）分两次摘除贴果叶和遮果叶，并转动果实方向，将阴面转向阳面，确保全面、均匀着色。

4.2.3.4　病虫害防控技术

（1）苹果病虫害综合防控技术。

①物理防治。苹果生产中常用的防治害虫的物理方法有设置诱虫带和杀虫灯、悬挂粘虫板、果实套袋等。诱虫带防治对象：叶螨类、康氏粉蚧、卷叶蛾、毒蛾等。杀虫灯防治对象：金纹细蛾、苹小卷叶蛾、桃小食心虫、梨小食心虫、天牛、金龟子等。粘虫板防治对象：蚜虫、粉虱、斑潜蝇、蓟马等。

②农业防治。调整和改善果树的生长环境，增强树体对病、虫、草害的抵抗力，创造不利于病原物、害虫和杂草生长发育或传播的条件，以控制、避免或减轻病、虫、草的危害。苹果生产中采用的农业防治措施包括加强土肥水管理、改善果园光照、改变病虫害生境、刮治树皮、果园生草等。

③生物防治。利用生物种间和种内的捕食、寄生等关系，用一种生物防治另外一种生物，或利用环境友好的生物制剂等杀灭病虫，以达到防治病虫害的目的。防治措施主要包括引进释放天敌、设置性诱剂、喷洒生物农药等。

④化学防治。是利用化学药剂来防治病虫害。主要技术包括预测预报、适期防治、按经济阈值打药、挑治、药剂选择和合理施药等。

（2）苹果主要病害及防治。

①苹果腐烂病。腐烂病主要危害苹果树皮，造成树皮腐烂坏死（图4-5）。当枝干上的树皮烂死一圈时，病部以上的树枝即全部死掉，不能再结果。

防治方法：可在萌芽前喷43%戊唑醇悬浮剂2 000倍液预防，一旦发现病斑，立即刮治。刮治时，一般刮掉病皮及四周1cm左右的好皮。对树体主干、主枝等主要发病部位进行刮皮，刮皮时不要触及形成层，刮皮的程度需要根据

图4-5　苹果腐烂病

当地的具体情况灵活掌握。刮皮或刮痕处可涂抹5%菌毒清水剂50倍液，或4%农抗120水剂30～50倍液（也可用20倍液划道涂治），或70%甲基硫菌灵可湿性粉剂30倍液，或3%甲基硫菌灵糊剂。

②苹果轮纹病。枝干上的症状最先出现在当年生枝条上，表现为皮孔稍微膨大和隆起，枝条长到四五年后，病瘤仍继续扩大，周围病死皮范围也在扩大和加深，少数可达木质部，树上病瘤密密麻麻。随着树龄增长，病瘤和周围干死树皮相互连接，极为粗糙，故也称为粗皮病（图4-6）。

防治方法：发芽前喷施铲除性杀菌剂。可选用下述药剂：43%戊唑醇悬浮剂2 000倍液，或10%苯醚甲环唑水分散粉剂1 500倍液，或1∶1∶100波尔多液，或3～5波美度石硫合剂。

图4-6　苹果轮纹病

对发病重点部位也可在刮治后用上述药剂涂抹处理1～2次。在重病区也可在落叶后果树进入休眠期喷药，以提高铲除菌源的效果。

③苹果早期落叶病。主要危害叶片，还可危害叶柄、一年生枝条和果实。叶片染病初现褐色圆形病斑（图4-7），以后病斑逐渐扩大，边缘紫褐色，中央常具深色小点或同心轮纹。苹果早期落叶病有斑点落叶病、褐斑病、灰斑病、圆斑病等。大部分地区以褐斑病发生最重最普遍。褐斑病5月中旬开始发生，6～8月为危害盛期，降水多此病发生较重，严重时7月中下旬即开始落叶，8月中旬叶片即可落去一大半。

图4-7　苹果早期落叶病

防治方法：有效药剂首选代森锰锌＋戊唑醇或氢氧化铜、甲基硫菌灵。

④苹果炭疽病。枝条炭疽病多发生在虫害枝或细弱枝的基部，主要危害韧皮部。起初形成不规则褐色病斑，以后龟裂，使木质部外露，严重时病部以上的枝条枯死。

防治方法：晚秋、早春刮除粗皮，集中销毁，可以清除侵染源。5～6月发病前开始喷70%代森联水分散粒剂600～700倍液或70%甲基硫菌灵可湿性粉剂800倍液预防，落花后半个月至6月中旬套袋。

⑤苹果缩果病。主要指因缺硼、钙引起的缩果病。

防治方法：用芸苔素内酯＋美施乐微肥或高纯硼肥防治。

⑥苹果花叶病。主要靠嫁接传染，病原主要为苹果花叶病毒、土拉苹果花叶病毒或李属坏死环斑病毒中的苹果花叶株系。危害叶片，病斑鲜黄色，表现为斑驳、花叶、条斑、环斑、镶边等类型（图4-8）。

图4-8　苹果花叶病

防治方法：可用植病灵或吗胍·乙酸铜＋芸苔素内酯防治。

（3）苹果主要虫害及防治。

①蚜虫类。苹果绵蚜、黄蚜、瘤蚜等成虫、若虫群集在芽、叶（图4-9）和果实上刺吸汁液，至受害幼叶出现红斑，叶缘向背面卷缩，变黑褐干枯；幼果被害时果面出现红凹斑，严重畸形。

图4-9　蚜虫类

防治方法：当虫口密度过高时，及时适量喷洒对天敌相对安全的10%吡虫啉可湿性粉剂4 000倍液，或3%啶虫脒乳油2 500倍液等，暂时控制虫口密度。在麦收前后，果园周围麦田中的瓢虫、草蛉等天敌会大举向果园转移，保护和利用这些自然天敌对控制苹果黄蚜及其他害虫有着非常显著的效果。

②害螨类。主要有全爪螨、红蜘蛛、二斑叶螨（白蜘蛛）和山楂叶螨（图4-10）。成螨、若螨、幼螨刺吸芽、叶、果实汁液，叶片受害呈现失绿的小斑点，病斑逐渐扩大连片，严重时全叶片苍白枯焦，早落，常造成二次发芽、开花，削弱树势，不仅当年果实不能正常成熟，还影响花芽形成和下年产量。

图4-10　害螨类

防治方法：可用240g/L螺螨酯悬浮剂4 000倍液，或110g/L乙螨唑悬浮液5 000倍液，或43%联苯肼酯悬浮液2 000～3 000倍液防治。

③桃小食心虫。幼虫由果实胸部蛀入，蛀孔流出泪状果胶，俗称"淌眼泪"，不久干涸呈白色蜡质状粉末，蛀孔愈合成一小黑点凹陷。幼虫入果常直达果心，并在果肉中乱窜，排粪于隧道中，俗称"豆沙馅"。没有充分膨大的幼果，受害多呈畸形，俗称"猴头果"。

防治方法：可用20%氰戊菊酯乳油2 000倍液，或2.5%溴氰菊酯乳油2 000倍液，或2.5%三氯氟氰菊酯乳油4 000倍液，或20%甲氰菊酯乳油2 000倍液防治。

④卷叶虫。苹果卷叶虫（图4-11）可造成严重危害，必须及早注意和预防。

防治方法：萌芽至开花前（4月），喷洒25%灭幼脲悬浮剂15 000倍液；

图4-11　卷叶虫

8月中下旬虫卵叶率超过5%时，喷洒24%氰氟虫腙悬浮剂1 000倍液，除使用以上药剂外，还可使用1.8%阿维菌素乳油5 000倍液，或20%甲氰菊酯乳油2 000～2 500倍液。

4.2.4　苗木出圃

对出圃的苹果容器大苗（图4–12）根据大小、质量优劣进行分级。不合格的苗木应留在苗圃内继续培养。

—— 出圃苗木的基本要求 ·——

品种纯正；地上部枝条健壮、充实，具有一定高度和粗度，芽体饱满；根系发达，须根多；无严重的病虫害；嫁接接合部愈合良好。

常规苹果苗木的检疫对象有苹果绵蚜、苹果蠹蛾、美国白蛾、苹果黑星病，无病毒苗还增加了对锈果类病毒（ASSVd）、坏死花叶病毒（ApNMV）、凹果类病毒（ADFVd）、褪绿叶斑病毒（ACLSV）、茎沟病毒（ASGV）和茎痘病毒（ASPV）等6种病毒与类病毒的检测。苗木产地检疫按照GB 8370执行。调运过程中的检疫检验按照GB 15569执行。

图4–12　苹果容器大苗

4.3 苹果容器大苗高效建园关键技术

4.3.1 园地选择

园地以选在交通便利、无污染、土层深厚、质地良好、土壤肥沃的平原地，或坡度小于15°的南向或西南向缓坡地、台地为宜。

4.3.2 授粉树配置

苹果自花结实率很低，建园时必须两个以上品种相互搭配，以利于授粉。一些常见品种的授粉组合见表4-2。搭配授粉组合时，还应注意普通型配普通型，短枝型、矮砧树配短枝型、矮砧树。

表4-2　苹果主要品种的适宜授粉组合

主栽品种	适宜的授粉品种
元帅系	富士系、津轻、嘎拉、千秋、金冠系、绿光、烟青
富士系	金冠系、元帅系、王林、津轻、千秋
乔纳金、新乔纳金	王林、富士系、元帅系、嘎拉、金冠、绿光
津轻	元帅系、嘎拉、金冠
嘎拉	绿光、元帅系、烟青、金晕

主栽品种与授粉品种的比例一般是（2～3）：1，若授粉品种与主栽品种有相同的经济价值，按1：1等量栽植。为方便管理，一般主栽品种和授粉品种按比例成行配置，如果授粉品种本身经济价值不高，仅以授粉为主时，可按中心式配置，即一株授粉品种周围栽植8株主栽品种。授粉品种和主栽品种的距离不应超过30m。

4.3.3 栽植技术

（1）确定合理栽植密度。合理栽植密度的确定受立地条件、砧木、品种类型、栽培技术等多因素制约，不可盲目加大密度，造成果园郁闭，后期产量、品质下降，甚至尚未结果树已交接封行。在单位面积栽植株数一定的情况下，行距对光照的影响比株距大得多，俗话讲"不怕行里密，就怕密了行"，所以建议生产上采用宽行密植，行距不得少于4m，树体成形后，行间应有1m的直射光。苹果树栽植密度可参考表4-3。

表4-3　苹果树栽植密度参考

立地条件	项目	乔化树（普通型/乔化砧）	半乔（矮）化树（普通型/矮化中间砧，短枝型/乔化砧）	矮化树（普通型/矮化自根砧，短枝型/矮化中间砧）
山丘地	株行距（m×m）	4×（5～6）	2×（3～4）	1×（2.5～3）
	密度（株/亩）	28～33	83～111	222～267
沙滩地	株行距（m×m）	5×（6～7）	3×（4～5）	1.5×（3～4）
	密度（株/亩）	19～22	44～56	111～148
平原地	株行距（m×m）	6×（7～8）	4×（5～6）	2×（4～5）
	密度（株/亩）	14～16	28～33	67～83

（2）栽植时期。苹果栽植主要有两个时期。一是在秋季落叶后至土壤封冻前进行秋栽，但在冬季温度低、风大的地区，易出现受冻或"抽条"现象，不提倡。二是在芽刚萌动时春栽，此时由于芽的膨大萌动，新根已开始发生，且土温较高，有利成活，但必须注意栽后立即灌水，保证苗木不失水。

（3）栽植技术。定植穴（沟）深0.8m，穴径（沟宽）0.8m。挖时表土、底土分别堆放，待表土与有机肥混匀回填后，再填底土。定植穴要随挖随埋，注意保墒。有条件的回填后灌水沉实，等待栽植。因现在果园多为密植，特别是宽行密植，所以一般提倡挖定植沟。

容器大苗栽植时可同时施入底肥，株施磷酸二铵0.5kg和农家肥或有机肥10kg以上。将磷酸二铵、有机肥与果园表土混合，1/3填入定植穴（沟）底部，2/3在容器大苗放入定植穴（沟）中央后填入。用刀片划开容器，将容器大苗带土球从容器内取出，放入定植穴

（沟）内中央并扶正，填入2/3配置好的混合肥土，最后回填土壤至略低于地表。栽植时乔化苗嫁接口略高出地面；矮化中间砧苗的中间砧地上部分留10～15cm；矮化自根砧苗的嫁接口应高出地面1cm左右。将容器大苗放到定植穴中后，按照定植深度进行埋土，严禁踩踏，以免土球破损，栽植后立即浇透水，水下渗完后及时检查，如苗木倾斜可扶正，及时封土，防止干裂和跑墒。

地上部分的抽条是由地上部蒸腾失水和地温低、根系不能及时吸收供应的水分共同造成的。覆膜保温、增温，促进根系活动，是提高成活率、缩短缓苗期的有效措施。栽后将树盘整平，覆盖1m²的地膜即可。另外，应注意及时定干，剪口涂油，绑支柱，以及防治金龟子等。

4.4　栽培管理技术

4.4.1　土肥水管理

现有苹果园地多为山地、丘陵地或沙滩地，土壤有机质含量严重不足，并且呈逐年下降趋势。虽各类土壤有各自不同的特点，改良及管理也各有侧重，但改良的核心都是加强土壤水、肥、气因子的稳定性，因此都需要增施有机肥或其他有机填充物，以提高土壤保水保肥、调节水气的能力。

4.4.1.1　土壤管理

栽植前后短期内将土壤进行全园改良并供应充足肥水是不现实的。因此，果园栽前应首先改良一些限制因子，如打破黏板层、山地加厚土层等，将有限的有机物用于局部，如沟、穴及细根集中分布的表层，为局部根系创造最佳的环境条件，逐渐实现全园改良。

苹果园土壤管理模式包括深耕改土、果园覆盖、果园间作、果园生草等，可因地制宜采用。

4.4.1.2　施肥管理

我国苹果园土壤有机质含量严重不足，因而土壤对矿质养分丰缺的缓冲性大大降低，矿质养分失衡，果实品质下降，严重情况下出现生理性病害，如缺钙苦痘病、枝干锰中毒等。科学施肥是提高产量、改善品质的关键措施。

（1）施肥原则。苹果施肥应坚持以有机肥为主、配合施用各种化学肥料的原则，使苹果园有机质含量超过1%，最好能在1.5%以上。化学肥料的施用要注意多元复合，最好施用全素肥料。目前苹果生产在化肥施用上存在着重氮、磷、钾，轻钙、镁及微量元素的倾向，应注意克服。

（2）施肥量。确定苹果施肥量最简单可行的办法是以结果量为基础，并根据品种特性、树势强弱、树龄、立地条件以及诊断的结果等加以调整。如沙壤土苹果园的施肥量一般为：每生产100kg果实施纯氮0.7kg，纯磷0.35kg，纯钾0.7kg，土杂肥160kg。

氮、磷、钾的配合比例，因地区条件不同而变化。我国渤海湾地区棕黄土上种植的苹果幼树期为2∶2∶1或1∶2∶1，结果期为2∶1∶2；黄土高原地区土壤含磷量低，又多为钙质土，磷易被固定，施磷后增产效果明显，三要素的比例为1∶1∶1。此外，不同苹果品种间需肥情况也存在差异。研究表明，红富士苹果对氮肥的需要量较少，与一般品种相比，几乎可减少一半，但对磷、钾肥的需要量较多。对短枝型的红星而言，由于其早果性和丰产性比普通型好，所以早期需肥量较高，并且对氮、磷的需要比钾更迫切，施肥时应增加氮、磷比例。

（3）施肥时期。苹果树施肥一般分作基肥和追肥两种。具体施肥的时间，因品种、树体的生长结果状况以及施肥方法有所变化。不同时期，施肥的种类、数量和方法也有所不同。

①基肥。施用以有机肥料为主的基肥，宜秋施。中熟品种以采收后、晚熟品种以采收前施入为佳。基肥的施用量按有效成分计算，宜占全年总施肥量的70%左右，其中化肥量应占全年的40%。

②追肥。追肥应因树因地灵活安排。如旺长树追肥时间应避开营养分配中心的新梢旺长期，提倡"两停"（春梢和秋梢停长期）追肥，尤其注重"秋停"追肥，有利于养分分配均衡、缓和旺长。结

果壮树追肥目的是保证高产、维持树势。萌芽前应以硝态氮肥为主，有利于发芽抽梢、开花坐果；果实膨大期以磷、钾肥为主，配合铵态氮肥，促进果实发育和着色。采后补肥浇水，恢复树势，增加养分储备。

因地追肥应根据土壤类型、保肥能力、营养状况等具体实施。如沙质土果园（绵沙土、河滩土、沙石土等）追肥宜少量多次浇小水，勤施少施，多用有机态复合肥，防止肥分严重流失。盐碱地果园应注重多追施有机肥、磷肥和微肥，无机肥最好和有机肥混用，多应用生理酸性肥料如硫酸铵等，或配用柠檬酸等调节微域pH。黏质土果园追肥次数可适当减少，注意多配合有机肥或局部优化施肥，协调水气矛盾，提高肥料的有效性。

在苹果的生长季中，还可以根据树体的生长结果状况和土壤施肥情况，适当进行根外追肥。

4.4.1.3 水分管理

容器大苗栽植后需浇足水，栽植后20d左右需浇灌第2次水，50d左右需浇灌第3次水，确保土壤湿润，苗木成活以后根据土壤墒情及时补浇水。

4.4.2 整形修剪

苹果容器大苗栽植时已基本成形，进入初果期。高纺锤形修剪方法主要是疏除和长放。冬季修剪时，中心干延长头缓放，不进行短截，疏除中心干上着生的竞争枝、过密枝和基角没有打开的强旺枝，疏除时同样采用斜剪口。其余枝条缓放不剪，并拉大角度。

细长纺锤形中心干延长头不短截，进行缓放，中心干延长头附近的竞争枝和中心干上着生的过密枝通过斜剪口进行疏除，其他的主枝缓放不剪，并开张角度。

小冠疏层形主要是疏除和长放。在保证树体健壮生长的同时，层性和主从关系要明显，避免上强下弱、下强上弱现象，并注意调节营养生长与生殖生长的平衡。

4.4.3 花果管理

花果管理技术包括保花保果、疏花疏果、果实套袋、增色等技术措施。详见4.2.3.3。

4.4.4 病虫害防控

苹果容器大苗定植好后，需注意观察防治病虫害，定植后及时喷1次3～5波美度石硫合剂；5月初防治蚜虫和卷叶蛾类害虫，可喷施25%灭幼脲悬浮剂1 500倍液，或20%氰戊菊酯乳油2 000倍液，或10%吡虫啉可湿性粉剂4 000倍液，或3%啶虫脒乳油2 500倍液等；6月初喷5%噻螨酮乳油或20%四螨嗪可湿性粉剂2 000倍液，以及75%多菌灵水分散粒剂800倍液，防治害螨和早期落叶病；8月初喷15%三唑酮可湿性粉剂1 200～1 500倍液防治早期落叶病、白粉病等。

具体病虫害防控技术见4.2.3.4。

第5章
梨容器大苗培育及高效建园关键技术

5.1 主要栽培品种

玉露香梨

来源>>库尔勒香梨和雪花梨杂交选育而成。

单果重>>平均237g

可溶性固形物>>12%～14%

特征特性>>中熟，果实皮薄，果肉细嫩多汁，香甜爽口。品质极佳，耐储藏，适应性强（图5-1）。

图5-1 玉露香梨

玉酥梨

来源>>酥梨和猪嘴梨杂交选育而成。

单果重>>平均255g

可溶性固形物>>11.5%～13%

特征特性>>晚熟，果实肉质细脆，汁液多，味甜，耐储藏，耐旱，适应性强（图5-2）。

图5-2 玉酥梨

晋蜜梨

来源>>酥梨和猪嘴梨杂交育成。
单果重>>平均230g
可溶性固形物>>13.5%～15%
特征特性>>晚熟，果实卵圆形或椭圆形，果皮黄色，果心小，果肉细脆，石细胞少，汁液多，味浓甜，具香气，耐贮藏（图5-3）。

图5-3 晋蜜梨

晋早酥

来源>>山西省农业科学院果树研究所以砀山酥梨为母本、以猪嘴梨为父本杂交选育而成。
单果重>>平均240g，最大450g
可溶性固形物>>11%～13%
特征特性>>中熟，果个大，果实圆柱形，果皮黄色，果面平整，果

图5-4 晋早酥

点中等；果肉白色，肉质细酥脆，汁多，味甜，微香，品质上等，耐储藏。适合我国北方白梨适栽区栽培（图5-4）。

5.2 梨容器大苗培育

5.2.1 育苗容器与基质

　　容器选择无纺布袋、聚乙烯塑料盆、控根容器中的任意一种，容器规格为45cm×45cm（底面直径×高）；基质配方为腐熟农家肥与园土按体积比1∶3混合。每立方米加入磷肥2～3kg，复合肥1～2kg，所有基质过筛，将土块、杂物除去，用薄膜覆盖密封2～3d，再用1%高锰酸钾溶液喷洒消毒，以消灭病菌和虫卵。

5.2.2 苗木选择

选择株高1～1.5m的优质梨苗，具体苗木分级可参考表5-1和表5-2。将梨树幼苗移栽到容器内，基质不能装得太满，装基质时要注意保护幼苗，栽好后浇透水，使基质与根部密接。

表5-1 梨实生砧苗的质量标准

（引自NY 475—2002）

项目	等级		
	一级	二级	三级
品种与砧木纯度（%）	≥95		
根			
主根长度（cm）	≥25		
主根粗度（cm）	≥1.2	≥1.0	≥0.8
侧根长度（cm）	≥15		
侧根粗度（cm）	≥0.4	≥0.3	≥0.2
侧根数量（条）	≥5	≥4	≥3
侧根分布	均匀、舒展而不卷曲		
基砧段长度（cm）	≤8.0		
高度（cm）	≥120	≥100	≥80
粗度（cm）	≥1.2	≥1.0	≥0.8
倾斜度（°）	≤15		
根皮与茎皮	无干缩皱皮，无新损伤处，旧损伤面积≤1cm²		
饱满芽数（个）	≥8	≥6	≥6
接口愈合程度	愈合良好		
砧桩处理与愈合程度	砧桩剪除，剪口环状愈合或完全愈合		

表5-2 梨营养系矮化中间砧苗质量标准

（引自NY 475—2002）

项目	等级		
	一级	二级	三级
品种与砧木纯度（%）		≥95	
根			
主根长度（cm）		≥25	
主根粗度（cm）	≥1.2	≥1.0	≥0.8
侧根长度（cm）		≥15	
侧根粗度（cm）	≥0.4	≥0.3	≥0.2
侧根数量（条）	≥5	≥4	≥3
侧根分布		均匀、舒展而不卷曲	
基砧段长度（cm）		≤8.0	
中间砧段长度（cm）		20～30	
高度（cm）	≥120	≥100	≥80
粗度（cm）	≥1.2	≥1.0	≥0.8
倾斜度（°）		≤15	
根皮与茎皮		无干缩皱皮，无新损伤处，旧损伤面积≤1cm^2	
饱满芽数（个）	≥8	≥6	≥6
接口愈合程度		愈合良好	
砧桩处理与愈合程度		砧桩剪除，剪口环状愈合或完全愈合	

5.2.3　苗木管理

5.2.3.1　肥水管理技术

（1）施肥管理。梨树是多年生植物，在不同的生长发育时期，对养分的种类和数量需求不同。因此，梨树对营养的需求具有明显的年龄性和季节性特点。从梨树嫁接苗定植于容器到开花结果这段时期属于营养生长期，这一时期一般不结果（2～3年）。梨树幼龄树以长树、扩大树冠、搭好骨架为主，以后逐步过渡到以结果为主。幼树需要的主要养分是氮和磷，特别是磷，其对植物根系的生长发育具有良好的作用。容器大苗培育第3年，梨树已进入初结果期，需要的营养主要是氮和钾，特别是由于果实的采收带走了大量的氮、钾等营养元素，若不能及时补充则将影响梨树翌年的生长及产量。

梨树年生长周期内各物候期对主要元素的吸收量是不平衡的。不同生长期对不同养分吸收的变化是适期、适量施肥的主要依据。梨树萌芽开花期对养分的需要非常迫切，主要利用树体内储存的养分；新梢旺长期是树体生长量最大的时期，也是树体氮、磷、钾吸收数量最多的时期，其中氮最多、钾次之、磷较少。

梨树对各种元素的需要量不是一成不变的，而是依据各个生长发育阶段的不同而有多有少。一年中有两个需氮高峰期，第一个高峰期在5月，吸收量可达80%，由于此期是枝、叶、根生长的旺盛期，需要的营养多；第二个高峰期在7月，比第一次吸收的量少35%～40%，由于此期是果实的迅速膨大期和花芽分化期，养分需要也多。磷在全年的波峰不大，只在5月有个小高峰，由于此期是种子发育和枝条木质化阶段，需磷量较多。需钾也有两个高峰期，时期与氮相同，由于第二次高峰期正值果实迅速膨大和糖分转化期，需钾量较多，所以差幅没有氮大，比第一次少8%左右。

（2）水分管理。梨是需水量较多的树种，对水的反应也比较敏感。可用滴灌方式浇水，每株树安置2～3个滴头，栽植后浇1次透水，隔2d再浇1次，之后根据天气状况、基质水分蒸发速率及树体需水状况确定水量。梨树的主要灌水时期有萌芽至开花前、花后、果实膨大期、采后和封冻前。

位于低洼地、河谷地及湖、海滩地上的育苗园圃，地下水位较高，雨季易涝，应建立好排水工程体系，做到能灌能排，保证雨水排涝顺畅。

5.2.3.2 整形修剪技术

目前生产上梨树常用的树形有多主枝开心形、单层一心形、Y形等。

梨树生长势强，枝角小，树冠常垂直生长。幼树期开枝角后，可使树冠水平伸展，枝叶向四面八方展开，互不遮阴，从而显著扩大受光面积、提高光能利用率，进而增加光合产物的积累。良好的分枝角度可以减弱极性生长，促进开花和早结果。因此，要从2年生幼树开始，每年在生长季节通过拉枝、拿枝、坠枝等方式，做好幼树的开角工作。根据整形要求，主枝角度拉至70°左右，副枝角度拉至80°左右。

幼年树修剪时期包括幼树整形期和初果期，修剪原则是以整形为主，兼顾结果，冬季修剪与夏季修剪相结合，使多形成枝叶，促进树冠扩大，提早成形和结果。

除骨干枝的延长枝、大型枝组领头枝进行适度短截外，冠内多留枝、多长放，使留用的枝条尽快转化结果。当冠内枝条变密零乱时，根据骨干枝的安排，逐步选留大、中枝组，小枝组随大、中枝组的配置，见缝插针留用，逐步疏删不必要的枝。对于留用的枝条可分四类区别对待：第一类枝对骨干枝延长枝生长有影响，要进行重剪，发枝后再行长放，不能在骨干枝头附近直接长放；第二类枝处于骨干枝的侧面，呈斜生状态，发展空间较大，可进行中截或轻截，促发分枝，培养成大型或中型枝组；第三类枝处于骨干枝背上优势部位，直立强壮，有空间时压倒、压平长放，结果后视情况再行改造，徒长性枝要疏除；第四类枝为中庸枝、弱枝，一般均长放，促成花，早结果，处于大空间部位，需填补空间时，可以在该枝条上部深度刻伤，促使转化成长枝。

在骨干枝的背上，幼年期只留小型枝组，枝轴长控制在25cm以下。不留大型和中型枝组，如果势力转移，背上枝组转旺时，要及时进行夏剪，或冬剪时疏间强枝，留平斜弱枝。

梨树成花容易，一般枝条长放后都能成花，所以在幼树期还需适当控制结果量，增加枝叶量，保证树冠扩展，使树冠内部形成丰满的枝组。进入结果期后，对树冠内长枝要区别对待，有长放，有短截，使每年在冠内形成一定量的长枝，长枝应占全树总枝量的1/15左右。如发生的长枝少，说明修剪量轻，需增加短截数量；如发生的长枝多，说明修剪过重，需减少短截量，多留枝长放。目的是保证树体健壮，为盛果期丰产打下良好基础。

5.2.3.3 花果管理技术

梨容器大苗在第3年培育期间，部分品种会进入初果期。花果管理技术包括授粉、疏花疏果和果实套袋等。

（1）授粉。花粉以在适宜授粉品种上采集为宜，也可以用多个品种的混合花粉。采花蕾时间以大蕾期为宜，即在开花前1～2d采集花蕾，此时花粉已充分成熟。花药脱下后均匀摊在光滑的纸上，置于25℃室内，经24h阴干，花粉散出。

筛出的花粉按1：（5～7）的比例与填充剂（干燥淀粉或滑石粉）装入瓶中，盖口防潮，备用。干燥的花粉如当年不用，应装入试管密封，放入干燥器置于2～8℃低温避光环境下，第二年仍可使用。

人工授粉时，梨树花的柱头接受花粉最适期为开花的当天和第二天，授粉方式有点授法、掸授法和液体喷雾授粉法。花期在梨园中放养蜜蜂和释放日本角额壁蜂也有良好的授粉效果。

（2）疏花疏果。疏花应从冬季修剪留花芽量时开始。花芽量过多时，应疏弱留壮，少留腋花芽。花芽萌动至盛花期均可继续疏花，主要疏除发育不良、开花晚及过密的花序，疏去花序后的果台副梢可在当年形成花芽。凡是留用的花序，应留基部1～2朵花，疏去其余的花，以节省养分。留花要力求分布均匀，内膛、外围可少留，树冠中部应多留；叶多而大的壮枝多留，弱枝少留；光照良好的区域多留，阴暗部位少留。

在花期过后7～10d，未授粉的花落掉，即可开始疏果。一般在5月上旬开始，最好在25d内疏完，要一次疏果到位。疏果的标准应因树因地而异，疏果的原则：树势壮、土壤肥力较高时可多留，反之要少留。生产上可采用叶果比法、枝果比法、干截面积法和果实间接法等方法确定留果量。

（3）果实套袋。根据市场对果实颜色的要求，选择不同类型且能防治病害及入袋害虫的梨果专用袋。如新世纪、大果水晶等要套内黄外白的双层大袋，黄冠、黄金梨套双层黄袋或选用白蜡纸小袋和双层大袋进行2次套袋，新兴、丰水等褐皮梨套普通双层纸袋。

套袋时期一般于落花15～45d进行，定果后越早越好。对于丰水等褐皮梨品种可于6月上旬对梨果全部套袋；黄皮梨品种，如黄金、黄冠、大果水晶等要套两次袋，第1次在落花后10～25d套白色蜡纸小袋，套小袋后30～50d内，在小袋上套相应品种的大袋，小袋无须拆下。套袋前，喷1次防治病虫害的药剂，套袋时，撑开袋体，使袋口尽量靠上，果实在袋内悬空，扎紧袋口。

套袋梨果采收时，连同果实袋一并摘下，装箱时再去袋分级。为提高梨果品质和储运性，采收前1个月内要控制灌水，并根据果实大小进行分期采收，先采收大果，小果适当晚采可增大果个、改善品质。

5.2.3.4 病虫害防控技术

（1）梨主要病害及防治。

①梨黑星病。真菌性病害。

症状：叶片受害，先在叶背面的主脉两侧与支脉之间产生多角形或圆形的淡黄色病斑，没有明显的边缘，随后病斑遍布整个叶片（图5-5），并在叶背面产生辐射状霉层，病情严重时造成大量落叶。果实在整个生长期均可被侵染受害。幼果发病为畸形果，会形成不规则的淡黄色至褐色病斑，且病斑上会长出黑色的霉层。成长期果实发病不呈畸形，但病斑部会凹陷并产生星状龟裂。叶柄、果梗症

图5-5 梨黑星病

状相似，出现黑色椭圆形的凹陷斑，病部覆盖黑霉，缢缩，失水干枯，致叶片或果实早落。

发病规律：病原主要以分生孢子和菌丝体在梨的芽鳞、病叶、病果、枝梢、叶柄等处越冬，或以菌丝体、子囊壳在落叶上越冬。越冬孢子经风雨传播，可以从枝干的皮孔、气孔或伤口处直接侵入，潜育14～20d发病。一年可多次侵染发病，有两个侵染发病高峰期。4月下旬至6月上旬是黑星病第一个侵染发病高峰期，也是防治的关键时期；第二个侵染发病高峰期在7月下旬至8月，病原侵染新形成的芽、枝梢上的嫩叶及接近成熟期的果实。

防治方法：选用抗病品种。消除越冬病原，将病叶、病果、残枝等集中起来进行处理，落叶后喷施一次杀菌剂，以消除树体上的越冬病原，并将集中起来的病残枝深埋或销毁。采用化学防治，萌芽前，喷施石硫合剂进行预防，发病初期起，可选用10%苯醚甲环唑水分散粒剂5 000倍液，或12.5%烯唑醇可湿性粉剂3 000倍液，或25%戊唑醇水乳剂2 500倍液，或40%腈菌唑悬浮剂9 000倍液，或40%氟硅唑乳油8 000倍液等药剂，每半个月左右轮换喷施一次即可。

②梨轮纹病。真菌性病害。

症状：梨轮纹病具有发病快、危害大等特点，主要侵害枝干、果实，很少危害叶片。枝干发病后促使树势早衰，果实受害，造成烂果，并且引发储藏果实大量腐烂。果实发病多在近成熟期和储藏期，初以皮孔为中心形成褐色水渍状斑，渐扩大，呈暗红褐色至浅褐色，具清晰的同心轮纹（图5-6），病果很快腐烂，发出酸臭味，并渗出茶色黏液。气温较高时，病斑扩展较快，果实软化腐烂，渐失水成为黑色僵果，表面布满黑色粒点。

发病规律：病原以菌丝体或分生孢子器及子囊壳在病枝上越冬。越冬后的分生孢子借风雨分散、传播，从皮孔侵入枝干和果实。病原侵入枝干后潜伏15～20d才会出现病斑。幼果期果实易受到感染，侵入后的病原潜伏在果皮附近组织内，暂不扩展，待采收前病原菌丝开始扩展，果实上陆续出现轮纹状病斑，致使果实缩水脱落。

图5-6 梨轮纹病

防治方法：秋冬季清除园内落叶、落果。刮除枝干老皮、病斑，并用高锰酸钾溶液消毒伤口，剪除病梢并就地销毁。加强栽培管理，合理修剪，增强树势，提高树体抗病能力。遇中到大雨时，雨后喷15%三唑酮可湿性粉剂1 500倍液，或50%多菌灵可湿性粉剂1 000倍液。

③梨干腐病。真菌性病害。

症状：干腐病主要危害果实、枝条和幼苗。枝条感病时皮层出现长条形的黑褐色病斑，略凹陷，质地较硬，一般病斑不会扩展到木质部。当病斑扩展至枝干半圈以上时，其上部枯死。果实染病后，果面产生轮纹斑，随后果实腐烂。苗木染病，树皮出现黑褐色长条状湿润病斑后，叶片萎蔫，枝条枯死。

发病规律：病原以菌丝体、子囊壳和分生孢子器在发病的枝干或在发病后的僵果上越冬。春天潮湿条件下病斑上形成分生孢子，借雨水传播，形成当年枝干和果实的初侵染。整个生长季病斑都能扩展，以春、秋季扩展速度最快。苗木和幼树施氮肥较多、枝条徒长，发病较重；土壤黏重、排水不良及春、秋季干旱均有利于发病。

防治方法：确定合理负载量，加强肥水管理，增强树势。密植园要注意修剪，特别是夏剪，增强下部枝叶光照。冬季浇封冻水，提高果树抗逆能力。清理树上僵果，剪除病虫枯枝，刮除粗翘皮，清扫落叶，集中带至园外烧毁，或深埋。刮除病部后涂抹石硫合剂、菌毒清等药剂。树干涂白防冻防日烧。萌芽前树体喷3～5波美度石硫合剂，追施果树复合肥，并进行果园春灌。

④梨锈病。真菌性病害。

症状：梨锈病主要对梨树叶片、新梢和幼果有较大危害。叶片受害，起初在叶面上出现淡黄色且带有光泽的小斑点，后扩展为近圆形病斑。幼果受害，初期病斑大体与叶片上的相似，病部稍凹陷，病斑上密生橙黄色的小粒点。后期在同一部位产生灰黄色毛状物，即锈子器（图5-7）。病果生长停滞，往往畸形早落。

图5-7　梨锈病

发病规律：病原以多年生菌丝体在桧柏、欧洲刺柏及龙柏等转主寄主病组织中越冬，翌年春季形成冬孢子，遇雨吸水膨胀，冬孢子成熟后萌发产生担孢子，担孢子随风飘散落在梨树的嫩叶、新梢及幼果上，遇适宜条件萌发产生芽管，直接从寄主表皮细胞或气孔侵入。

防治方法：梨锈病属于一次性侵染病害，没有再侵染，所以，注意春季雨后用药，一般1～2次，完全可以防治好梨锈病。春季在桧柏上喷5波美度石硫合剂；梨树落花后开始，每次遇到10mm以上降雨之后，对梨树喷15%三唑酮可湿性粉剂1 000倍液或43%戊唑醇悬浮剂3 000倍液，直到5月底为止。发病轻的年份可人工摘除病叶、病果。8～9月雨季，对果园周围桧柏喷2～3次1∶2∶200波尔多液，阻止梨锈病菌侵染桧柏。

（2）梨主要虫害及防治。

①桃小食心虫。以幼虫（图5-8）蛀害果实，虫道不规则，内堆积虫粪。

防治方法：春季对地面喷药杀死出土越冬幼虫，药剂可用50%二嗪磷乳油500倍液。桃小食心虫卵果率达1%时，喷2.5%溴氰菊酯乳油2 000倍液，或1.8%阿维菌素乳油4 000倍液进行防治。人工防治，即摘除病果，拣拾落地虫果，集中销毁。

图5-8 桃小食心虫幼虫

②梨小食心虫。每年发生4～5代，危害树梢（图5-9）和果实，被害梨果蛀孔处易腐烂变黑。

防治方法：可用2.5%溴氰菊酯乳油2 000～2 500倍液，或20%氰戊菊酯乳油2 000倍液，或50%杀螟松乳油1 000倍液防治。落花后喷1.8%阿维菌素乳油4 000倍液。

图5-9 梨小食心虫

③梨蚜。只危害叶片，造成卷叶并脱落（图5-10）。

图5-10 梨蚜

防治方法：保护利用天敌如食蚜蝇、瓢虫、草蛉等。冬季可刮树皮消灭卵和越冬成虫。另外，用药剂防治其他害虫时可兼治蚜虫。

④梨木虱。主要寄主是梨树，若虫（图5-11）多在叶背主脉两侧危害，使叶片沿主脉向背面弯曲、皱缩，并弯成半月形，严重时

皱缩成一团，全叶变黑、脱落。

防治方法：休眠期清除落叶，早春刮除树皮并集中烧毁，消灭越冬成虫。萌芽前喷3～5波美度石硫合剂，消灭越冬成虫；梨树落花80%～90%时，用1%甲维盐4 000倍液，或1.8%阿维菌素2 000倍液喷雾防治；5月下旬梨果套袋前喷10%吡虫啉或10%啶虫脒2 000倍液，防治二代梨木虱。

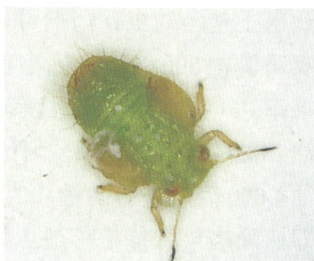

图5-11　梨木虱若虫

5.2.4　苗木出圃

梨容器大苗出圃可参照3.2.6。

为防止病虫害的传播与扩散，苗木调运时必须到植物检疫部门进行苗木检疫。获得由检疫部门出具的检疫合格证书的苗木才能在地区间调运。目前列入全国农业植物检疫性对象的梨病虫害有梨火疫病菌等。

5.3　梨容器大苗高效建园关键技术

5.3.1　园地选择

梨树适应性较广，沙地、山地和丘陵地均可栽培。对土质要求不严，较耐旱、耐涝、耐盐碱。以土层深厚、肥沃、土壤呈微酸性、排灌方便的沙壤土为宜。可以选择背风向阳、交通便捷、10km内无桧柏树的地块建园。

5.3.2　授粉树配置

不同品种的梨树对环境气候要求不同，因此要选择适合当地气候栽培的优良早熟、中熟或晚熟品种。种植梨树时要配置授粉树，授粉树与主栽品种比例为1∶（4～6），最好选择2～3个能互相授粉的品种进行栽培。

5.3.3 栽植技术

（1）确定合理栽植密度。梨树栽植密度可参考表5-3。

表5-3 梨树栽植密度参考

	株距（m）	行距（m）	栽植密度（株/亩）
乔化砧	3～4	5～6	27～44
矮化类砧	1.5～2	4～6	55～111

（2）栽植技术。大中冠品种以株行距（3～4）m×（5～6）m为宜，矮化密植和小冠品种株行距可设置为（1～2）m×（4～5）m。山地和瘠薄地还可适当密植。

栽植用苗木质量应符合标准要求。控根容器拆卸方便，移植时不伤根，可减少移栽工序，提高移栽成活率，特别是大苗移栽成活率更高，优势更强。北方一般在早春顶凌栽植，栽植前一定要做好土壤改良（如种植绿肥作物、深翻改土、保持水土）、灌排工程设置、防护林营造等工作。定植穴或定植沟应提前挖好，深60～80cm、宽80cm。定植方法可因地制宜。干旱少水地区可采用早栽、深坑浅栽、灌足底水后覆膜等方法。盐碱地应用开沟修建台田、筑墩栽植的方法以提高栽植成活率。

5.4 栽培管理技术

5.4.1 土肥水管理

5.4.1.1 土壤管理

土壤管理包括土壤深翻熟化、土壤改良、覆盖和间作等。在梨园土壤管理方面，最好的方式是行内覆盖行间生草法。

5.4.1.2 施肥管理

梨树随树龄增加，结果部位不断更替，对养分的需要量和比例也随之发生变化。

梨园施肥主要有以下原则：①增施有机肥料，实施梨园生草、覆草，培肥土壤；土壤酸化严重的梨园施用石灰和有机肥进行改良。②依据梨园土壤肥力和梨树生长状况适当减少氮、磷肥施用量，增加钾肥施用量，并通过叶面喷施补充钙、镁、锌、硼等中微量元素。③结合高产优质栽培技术、产量水平和土壤肥力，确定肥料施用时间、施用量和元素配比。④优化施肥方式，改撒施为条施或穴施，结合灌溉施肥，以水调肥。

施肥量：亩产1t以下的梨园，氮肥10～12kg/亩，磷肥6～8kg/亩，钾肥10～12kg/亩；亩产2～4t的梨园，氮肥12～20kg/亩，磷肥6～12kg/亩，钾肥12～20kg/亩。

化肥分3～5次施用，第1次在5月中旬，氮、磷、钾肥配合施用；6月中旬以后建议追2～4次，前期以氮、钾肥为主，并增加钾肥用量；后期以钾肥为主，并配合少量氮肥。此外，根外追肥时，硼、锌、铁等缺乏的梨园可用0.2%硼砂溶液、0.2%硫酸锌＋0.3%尿素溶液，或0.3%硫酸亚铁＋0.3%尿素溶液于发芽前至盛花期多次喷施，隔周一次。

5.4.1.3 水分管理

梨树具有较强的抗旱能力，又是需水量较大的树种。容器大苗在移栽过程中根系不受损伤，因此容器大苗定植后应灌一次足水。当土壤的含水量达到最大持水量的60%～80%时，为梨园最适土壤含水量；当土壤含水量低于最大持水量的60%时，则应进行灌溉。

灌水分为花前水、花后水、果实膨大水、采后补水及越冬防冻水。

梨树虽较耐涝，但长期淹水会造成土壤缺氧并产生有害物质，易导致烂根、早落叶，严重时枝条枯死。因此，梨园应设置完善的排水系统。

5.4.2 整形修剪

梨容器大苗栽植时已基本成形，进入初果期。该时期梨树修剪的原则：调整树势，维持良好的平衡关系和主从关系，及时更新枝组，保持适宜枝量和枝果比例，使结果部位年轻、结果能力强，并改善冠内光照条件，确保梨果高品质。修剪应注意以下几点：

（1）骨干枝修剪。维持骨干枝单轴延伸的生长方向和生长势，调整延长枝角度，对逐渐减弱的骨干枝延长枝适度短截。利用交替控制法解决株间枝头搭接问题。

（2）结果枝组修剪。结果枝组内结果枝数和挂果量要适当，并留足预备枝，中、大型结果枝组应壮枝壮芽当头，每年发出新枝。枝组间应有缩有放，错落有致。内膛枝组多截，外围枝组多疏枝少截，以确保内膛枝组能得到充足光照，维持较强的生长和结果能力。内膛发生的强壮新梢可先放后截或先截再放，培养成新结果枝组代替老枝组。利用回缩法及时更新细弱枝组。

（3）短果枝群的修剪。以短果枝群结果为主的品种，盛果期应进行精细修剪。以每个短果枝群中不超过 5 个短果枝为宜，其中留 2 个结果，2～3 个作为预备枝，破除顶芽。修剪方法掌握去弱留强，去平留斜，去远留近。

（4）徒长枝修剪。骨干枝背上发出的徒长枝，有空间时采用夏剪摘心或长放、压平等方法培养成枝组，无空间则疏除。

梨的大、中、小型枝组均易单轴延伸，所以应尽量使其多发枝，形成扇形展开式枝组，幼期要多留枝、早培养。总之，梨树修剪要多采用疏、放方法，少短截、回缩。通过刻芽增加枝量，通过拉枝开张角度。幼树尽量增大枝叶量，修剪宜轻；盛果期重点调节平衡关系、主从关系，精细修剪结果枝组。

5.4.3　花果管理

花果管理技术包括人工辅助授粉、疏花疏果、果实套袋等。详见 5.2.3.3。

5.4.4　病虫害防控

具体病虫害防控技术见 5.2.3.4。

第6章
樱桃容器大苗培育及高效建园关键技术

6.1 主要栽培品种

万尼卡

来源 >> 2003年从亚美尼亚引进。

单果重 >> 平均8~10g

特征特性 >> 完全成熟时紫红色，全面着色，光泽亮丽，果肉较硬，肥厚多汁，风味上等；丰产性好，抗裂果、抗流胶病。晚熟，适合山西黄土高原的生态条件（图6-1）。

图6-1 万尼卡

红玛瑙

来源 >> 红艳的优良芽变。

单果重 >> 平均8~10g

特征特性 >> 果实紫红色，具光泽，心形，肉硬脆，风味酸甜，口感极佳，品质上等。耐盐碱，抗病虫害，极抗流胶病、介壳虫等樱桃常见病虫害。适合山西黄土高原的生态条件，抗寒性强，在年平均气温8~9℃、休眠期最低气温高于−24℃的地区均能栽植；在太谷地区5月下旬至6月初成熟（图6-2）。

图6-2　红玛瑙

图6-3　晶玲

晶玲

来源>>友谊单株变异而来。

单果重>>平均9.5g

特征特性>>晚熟品种，果实宽心脏形，果皮深红色，有光泽，果肉红色，较硬脆，汁液丰富，味浓甜，品质上等，可溶性固形物含量17%。抗寒，抗流胶病，抗根癌病，抗裂果。丰产、稳产。适合在山西冬寒、春旱、土壤偏碱的环境条件下种植（图6–3）。

6.2　樱桃容器大苗培育

6.2.1　育苗容器与基质

　　育苗容器的选择与填充详见第2章。大樱桃是浅根性核果类果树，根系一般集中在20～80cm的土层中，且喜肥喜水，但又怕积水。培育樱桃容器大苗时，可选用直径40～50cm、高40～60cm的容器。无纺布美植袋、聚乙烯塑料盆、聚氯乙烯控根容器均可选用。从使用效果来看，无纺布美植袋与聚氯乙烯控根容器较好。总体考虑樱桃容器大苗的干高、地径、价格等因素，可选择控根容器。

　　基质一般选用有机肥、有机质、颗粒物3类物质，然后按一定比例，添加一些园土混合而成，也可以直接使用没有栽培过核果类果树的原土与腐熟畜肥混合而成。常见的有机肥包括猪粪、牛粪、羊粪、鸡粪等，有机质包括锯末、松针、菌棒、泥炭等，颗粒物包括蛭石、河沙、砾石等。其中有机肥和有机质必须腐熟，以减少其中有害病菌导致的苗木病害。基质配比为有机肥∶有机质∶颗粒物＝1∶1∶1，再加入总体积2/5的园土。

6.2.2 苗木选择

选择苗干粗壮、通直匀称，根系发达，侧根分布均匀，主根粗而短，茎根比小，无病虫害和机械损伤的苗木（图6-4）。

图6-4 苗木选择

6.2.3 苗木管理

6.2.3.1 肥水管理技术

（1）施肥管理。不同树龄和不同时期的樱桃树对养分的需要不同。3年以下的幼树树体处于扩冠期，营养生长旺盛，这个时期对氮需要量多，施肥应以氮肥为主，辅助施入适量的磷肥。

3～6年生和初果期幼树，要使树体由营养生长转入生殖生长，促进花芽分化，在施肥上需注意控氮、增磷、补钾。

（2）水分管理。栽植后的苗木按株行距0.5m×（1～1.5）m摆放，可采用滴灌方式浇水，每棵树安置2～3个滴头，栽植后浇1次透水，隔2d再浇1次，之后根据天气状况、基质水分蒸发速率及树体需水状况确定水量。也可以利用小型挖沟机开深50cm、宽1m的沟，每条沟并排放置2列容器大苗，采用大水沟灌，此方法操作容易，适合大面积容器苗繁育。

樱桃的浇水可根据其生长发育中需水的特点和降水情况进行，如夏季遇炎热天气应每天浇水，一般每年要浇水5次。

①花前水。在发芽后开花前进行，主要是为了满足发芽、展叶、开花对水分的需要。此时灌水还有降低地温、延迟开花期、有利于防止晚霜危害的作用。

②硬核水。硬核期是果实生长发育最旺盛的时期，此期10～30cm的土层内土壤相对含水量不能低于60%，否则就要及时灌水。此次灌水量要大，以浸透土壤50cm深为宜。

③采前水。采收前10～15d是樱桃果实膨大最快的时期，灌水对产量和品质影响极大。此期灌水必须是在前几次连续灌水的基础上进行，否则若长期干旱突然在采前浇大水，反而容易引起裂果。因此，这次浇水采取少量多次的原则。

④采后水。果实采收以后，正是树体恢复和花芽分化的关键时期，要结合施肥进行充分灌水。

⑤封冻水。落叶后至封冻前要浇一遍封冻水，这对樱桃安全越冬、减少花芽冻害及促进树体健壮生长均十分有利。

6.2.3.2　整形修剪技术

（1）小冠疏层形。该树形目标是培养固地性能良好的树体，结果枝组中以短果枝和中长果枝的腋花芽结果为主，而不是像纺锤形树形那样以花束状果枝为主。

樱桃小冠疏层形的基本构架是主干高30～60cm，树高3～3.5m，冠径3～3.5m。中心干可直可弯曲，主枝有6个且分为3层，第一层3个主枝，第二层2个主枝，第三层1个主枝。第三层以上开心，以改善内膛光照状况。层间距较小，第一层和第二层间距60cm

左右。第一层主枝大，着生的结果枝组多，根据空间的大小可配置1～2个侧枝。第二层以上的主枝不留侧枝，直接着生结果枝组。各主枝角度开张，基角以60°～70°为宜，腰角、梢角逐渐减小。下层主枝角度大于上层，层间及其他大空档可适当留有辅养枝。因该树形具有中心干，因此树体大小完全依赖于砧木控制和人工致矮技术（摘心和环剥）。

（2）改良纺锤形。樱桃改良纺锤树形的基本构架是树高3～3.5m，冠径3～4m，主干高度30～50cm。中心干上着生7～10个单轴延伸的主枝，有的主枝上着生2～4个单轴分枝。株间可交接形成树篱，但行间距较大。采用该树形进行密植栽培，如修剪管理良好，栽后第2年即可基本成形，并大量结果。

定植后，新梢长至70cm高时摘心促发分枝。生长季增施肥水，可促进树体快速生长。第1年春季发芽前，有分枝的树，将分枝全部拉平，不短截，单轴延伸。主枝先端30cm下的侧芽全部刻伤。中心干留80cm短截，并用钢锯条刻中下部的芽，促其萌发分枝。主枝除延长头外，所有背上芽和背后芽发出的新梢长至30cm左右时，均留20cm摘心，以促使其基部当年形成花芽。第2年开始结果，在这一阶段要求基本完成整形任务。春季继续拉枝。中心干延长头留60cm短截，注意疏除中心干上的竞争枝。冬剪时中心干留60～80cm短截，用拉枝法开张主枝角度，使基角接近90°。此时树高3～3.5m，最多10个主枝，主枝间距控制在20cm以内。侧枝或结果枝不短截，以缓和树势。

（3）丛枝形。丛枝形树高2.5～3m，冠径3～4m，主干高度30cm。主干上着生4～5个大主枝，每个主枝上着生4～5个单轴延伸的分枝。株间可以连接形成树篱，但行间树冠不能交接，以免相互遮阴。采用该树形实行高密度栽培，在修剪得当、土壤管理良好的条件下，第2年就可大量结果。

为增大分枝角度，一般在芽萌动时定干，定干高度35～45cm。为开张主枝的基角，当新梢长到10cm时，用牙签或大头针支撑开角，或在秋后或第2年春季萌芽后拉枝，使分枝与主干延伸线之间的夹角在60°以上。特别是拉宾斯等直立性品种，拉枝和开张角度更重要。采用该树形的幼树，第1年只进行夏剪。在土壤肥沃及管理水平高的条件下，当年生枝可长达2m，需在新梢长到50cm、铅笔一样粗时重摘心（摘去20cm）。经过两年多次摘心，樱桃树分枝增多，营养分布均衡，长势缓和，有利于实现早期丰产。当枝梢多、树冠内膛光照不良时，需在8月中下旬进行疏枝或拉枝。第2年整形修剪的目标是控制树势平衡。春季萌芽后在有发展空间的位置继续拉枝。采收后，根据树体长势确定修剪程度，强壮、直立的大枝有选择地回缩至一半或仅留短桩。

（4）修剪时期。

①冬季修剪。幼龄期是指从定植成活后到开花结果前这段时期，一般3～4年。这一阶段的主要任务是培养好树体骨架，为将来丰产打好基础。幼龄树修剪的原则是轻剪、少疏、多留枝。枝叶量越大，制造的有机养分越多，成形越快，进入结果期越早。为此主要采取以下几种修剪措施。

对主枝延长枝进行中短截，促发长枝，扩大树冠。幼龄树为了迅速扩大树冠，多发枝，多长叶，在休眠期修剪时，要多采用中短截的方法，剪口芽留在饱满芽上，以利在适当部位抽生分枝。但樱桃又有极性强、萌芽力和成枝力高的特点，中短截后，一般在剪口下连续抽生3～5条长枝，形成所谓三杈枝、四杈枝、五杈枝，其他多为短枝或叶丛枝，这样就显得外围拥挤，中下部空虚。因此，对剪口下抽生的这些长枝要根据情况加以处理。向下抽生的直立枝，可采取夏季强摘心或第2年休眠期修剪时极重短截的方法培养成紧凑型小型结果枝组，待大量结果表现衰弱时再疏除。这样既解决了外围枝过密的问题，又培养了结果枝组，使幼树提早结果。其他平斜生长的枝条可分别采取缓放、轻短截和中短截相结合的方法适当处理。

背上直立枝生长势很强，若不加以处理易变成竞争枝扰乱树形，在樱桃上可采用极重短截的方法培养成紧靠骨干枝的紧凑型结果枝组，也可将其基部扭伤拉平后甩放培养成单轴型结果枝组。

中庸偏弱枝一般长势趋缓，分枝少，易单轴延伸，既妨碍其他枝条生长，也容易衰弱、枯死，应通过修剪培养成小型结果枝组，以延长寿命，发挥其生产潜力。第1年轻短截，剪口下发一中长枝，其余为叶丛枝；第2年对顶端中长枝实行中短截，一般只发一个长枝或中枝，其余为短枝；第3年只对长枝实行中短截，其余枝缓放，促其早结果。

②夏季修剪。可缓和树的长势，促发中短枝，有利于花芽的形成。

刻芽能提高侧芽的萌发质量，增加中、长枝的比例，其主要应用于幼树整形和弥补冠内的空缺。对樱桃刻芽必须严格掌握刻芽时间，要在芽顶变绿尚未萌发时进行，秋季和芽未萌动以前不可刻芽，以免引起流胶。

早期摘心一般在花后7～10d进行，对幼嫩新梢保留10cm左右摘心。这样摘心以后，除顶端发生一条中枝以外，其余各芽均可形成短枝。此期摘心的主要目的在于控制树冠和培养小型结果枝组，也可用于早期整形。生长旺季摘心在5月下旬至7月中旬进行。对旺长枝保留30～40cm，把顶端摘除，用以增加枝量。在幼龄期连续摘心2～3次能促进短枝形成，提早结果。

扭梢后的枝长势缓和、养分积累增多，有利于花芽分化。扭梢操作过早、过晚都易扭断新梢，必须在半木质化时进行。

拿枝在5～8月皆可进行。拿枝有较好的缓势促花作用，还可用于调整2～3年生幼树骨干枝的方位和角度。

樱桃幼树生长旺盛，主枝基角小，树姿直立，不甚开张，必须进行人工开张主枝基角。开张角度的方法有拉枝、拿枝、坠枝、撑枝、别枝等，最常用的方法是拉枝。拉枝开角要早进行，以利于早形成结果枝，早结果，早收益。因此，定植后第2年开始要拉枝开角。

6.2.3.3 花果管理技术

樱桃花果管理技术主要包括辅助授粉、疏花疏果以及促进果实着色，提升果实品质等。

（1）辅助授粉。樱桃多数品种是异花授粉，生产上除建园时配置授粉树之外，花期还需进行人工授粉和昆虫辅助授粉。

（2）疏花疏果。

①疏花。在开花前，将弱枝、过密枝、畸形花、较小的晚开花疏除，每花束状果枝上保留4～5个饱满花蕾，短果枝留8～10个花蕾。疏花可以节约养分，保证后续樱桃果实大小。

②疏果。通常在生理落果后，根据品种特性、树势强弱、坐果多少，按壮树强枝多留、弱树弱枝少留的原则，一般每个花束状果枝留3～4个果，最多5个，叶片不足5片的弱花束状果枝不宜留果。将小果、畸形果和过密的果实摘除。通过疏果可以进一步调整树体的负载量，促进果实增大，提高果实可溶性固形物含量。

（3）促进果实着色，提升果实品质。在着色期摘除遮挡果实的叶片，但不能摘叶过重。也可在树底铺设1～2条反光膜，促进果实着色。果实发育到硬核期后，每天晚上通过喷井水来降低果园温度，增加光合产物积累，提高果实可溶性固形物含量。

6.2.3.4　病虫害防控技术

（1）樱桃主要病害及防治。

①樱桃流胶病。流胶病症状常见于树干和树枝，有时也见于小枝。一般来说，这种病害的特点是肿胀，流出半透明的黄胶（图6-5），逐渐变成红棕色，干燥后变成棕色硬胶。病变部位的皮层和木质部很容易被真菌感染，皮质变褐腐烂。树体的活力逐渐减弱，严重时甚至整株死亡。当果实染病时，果肉分泌黄胶，溢出表面，使病变部位变硬，严重时会开裂。

图6-5　樱桃流胶病

防治方法：多施有机肥，少施氮肥，多施磷、钾肥，提高抗病能力；确保排水平稳，防止土壤过湿。发现病斑及时刮治，伤口涂抹41%乙蒜素乳油50倍液，1个月后再涂抹一次。春季树液开始流动时，用50%多菌灵可湿性粉剂300倍液灌根，1～3年生幼树每株用药100g，树龄较大的树每株200g，开花坐果后再灌根处理一次。

②樱桃根癌病。根癌病症状主要发生在根颈，也见于侧根；病变部位常形成不同大小的球形或扁球形结节（图6-6）。幼树受侵染后，生长发育缓慢，植株矮小，早衰；成熟树表现为树势较弱，花果凋落，树体枯萎死亡。

防治方法：加强土肥水管理，增加土壤渗透性，增强树体的抗逆性，避免根颈受伤害，及时消灭地下害虫，育苗时注意消毒。发现病株后，及时挖出病根，刮除并烧毁病瘤，然后用1%～2%硫酸铜溶液或石硫合剂涂抹消毒，并用多菌灵灌根。病害严重的植株要挖出销毁，然后用1%硫酸铜溶液进行土壤消毒。

图6-6　樱桃根癌病

③樱桃细菌性穿孔病。细菌性穿孔病主要危害新芽和叶片。新芽感病后，形成深褐色疱疹，后扩大成圆形或椭圆形病斑，随后发生溃烂并破裂，严重时，芽可能会死亡。叶片发病时，最初为水渍状斑点，之后变成紫褐色至黑色病斑，并且病斑脱落形成穿孔。

防治方法：清除枯枝落叶，集中深埋或焚烧；增加有机肥用量和减少氮肥用量，以改良土壤和增强树势。树体萌芽前喷3～5波美度石硫合剂或1∶1∶100波尔多液，杀灭树干、翘皮内的病原；落花后2周，每7～10d喷70%代森锰锌可湿性粉剂600倍液，连喷2～3次。

④樱桃褐腐病。危害果实、花、叶和枝条。花受害后，逐渐变成褐色，枯萎。天气潮湿时，花瓣表面聚集灰色霉层。叶感病后病

斑呈褐色，表面生灰白色粉状物。果梗和新梢受害，形成长方形、凹陷、灰褐色溃疡斑，1周后，上部枝条枯萎死亡。气候潮湿时，病斑上有霉层出现。幼果感病后表面出现褐色圆点，逐渐扩大到整个果实，导致腐烂或变形。成熟果实受害后，果实表面出现棕色圆形病斑，果肉变褐，软腐。

防治方法：加强水肥管理，增强土壤渗透性，多施有机肥，少施氮肥，增施磷肥和钾肥，增强树木抗病性；及时修剪，剪除病枝，清除病叶、患病果实，集中销毁。在成熟前30d开始喷50%异菌脲可湿性粉剂1 000倍液，或24%腈苯唑悬浮剂2 500～3 000倍液，或10%苯醚甲环唑水分散粒剂2 000倍液。樱桃幼果期对农药较为敏感，要防止药害发生。过氧乙酸、三氯异氰尿酸、氯溴异氰尿酸均不能在樱桃上应用。

⑤樱桃灰霉病。危害樱桃的叶、花、果。花瓣受害后，会使即将脱落的花瓣褐变枯萎，严重时部分枝条枯死；叶片受害后，先表现为褐色油渍状斑点，后扩大呈不规则大斑，逐渐着生灰色毛绒霉状物（图6-7）；果实受害会变为褐色，病部表面密生大量灰色霉层，最后病果干缩脱落，并在表面形成黑色小菌核。

防治方法：注意控湿、通风。花期前后喷10%多抗霉素可湿性粉剂1 000倍液，或3%多抗霉素可湿性粉剂或水剂400～600倍液，或50%异菌脲可湿性粉剂1 200～1 500倍液。

图6-7　樱桃灰霉病

⑥樱桃病毒病。樱桃病毒病可危害整个植株，不同病毒引起的症状不一，表现为节间缩短、叶片失绿黄化、叶脉白化、小叶、花叶、小叶皱缩、卷叶、叶焦枯、丛枝、粗皮、小果、花果等。

樱桃树体一旦感染病毒病，会终生带毒，且该病目前无有效的防治方法和药剂，应以预防为主，如选用无病毒苗木，注意对修剪工具消毒，防止传毒媒介传毒等。

（2）樱桃主要虫害及防治。

①金龟子和大青叶蝉。苗圃中幼苗移植入育苗容器中前，先在育苗容器底部放置少量毒死蜱颗粒剂或辛硫磷颗粒剂以防治土中的金龟子幼虫。幼树虫害主要是树体萌芽后的金龟子，成虫取食幼树的嫩芽及嫩叶。由于金龟子的取食习性是昼伏夜出，以傍晚太阳落山以后危害最为严重，因此，防治时最好选择太阳落山以后用灯光诱杀或进行化学防治。大青叶蝉也是影响樱桃幼树成活率的一大害虫，其以成虫和若虫刺吸樱桃树的枝、梢和叶片汁液。成虫10～11月在樱桃幼嫩树干上产卵越冬，产卵时会划破树皮，造成新月形伤口，冬季风大时，会使幼树或受害嫩枝大量失水，受冻，导致抽条，严重时幼树整株死亡。防治方法主要是彻底清除园圃内外的杂草，减少危害和繁殖场所。10月中旬成虫产卵前，在树干上涂白。发生危害期，喷施4.5%高效氯氰菊酯乳油1 500～2 000倍液。

②果蝇。雌成虫在樱桃果皮下产卵。孵化后，幼虫首先在果实表面进食，然后进食果肉。受害的果实逐渐变软、变褐和腐烂。老熟幼虫咬破果皮脱果而出，脱果孔约1mm。

防治方法：及时清除果园杂草，减少果蝇藏身处。消除病果、残果，集中深埋。用糖醋液或粘虫板诱杀成虫，糖醋液配制比例为敌百虫1份、糖5份、醋10份、酒1份、清水2份。5月中旬果园地面喷洒50%辛硫磷400倍液，间隔15d一次，连喷2～3次。果实膨大、着色至成熟期，可用30%吡丙·噻虫嗪悬浮剂或100亿孢子/mL短稳杆菌600～800倍液喷雾防治。

③梨小食心虫。幼虫主要从新梢顶叶的叶柄基部进入髓腔取食，虫洞外有虫粪排出和胶体外流，受害的新梢和叶片逐渐干枯死亡。果实受害后，洞口很大，导致腐烂。

防治方法：冬季来临之前，将草把绑在树干上，阻止老熟幼虫下树越冬。第二年春天，收集草把烧毁。及时清除病枝、落果，结合果园耕作和施肥，破坏幼虫越冬环境。4月中旬，用性信息素诱杀，减少种群数量。低龄幼虫期喷25%灭幼脲悬浮剂1 500倍液，高龄幼虫期喷90%敌百虫原药1 000倍液，或4.5%高效氯氰菊酯乳油1 500倍液。

④二斑叶螨。叶片受害后叶脉附近出现绿斑，随着种群密度的增大，叶片大面积失绿，并形成一层网状结构，病情严重时，叶片脱落，树体衰弱（图6-8）。

防治方法：及时清除果园杂草、枯枝落叶，集中深埋或焚烧。可用20%三氯杀螨醇乳油1 000～1 500倍液，或5%噻螨酮乳油2 000倍液，或73%炔螨特乳油2 000倍液，或15%哒螨灵乳油2 000倍液等喷雾。

图6-8　二斑叶螨

⑤桑白蚧。雌成虫和若虫聚集在树干和枝条上吸食汁液造成危害（图6-9）。严重时，介壳布满树干及整个枝条，呈灰白色。受影响的树枝皮质干燥疏松，发育不良，严重时导致整个树枝死亡，树体衰弱。

防治方法：结合冬剪，剪除被害虫枝，将枝条带出果园，深埋或烧毁。第一代卵的孵化期在5月中旬，第二代卵的孵化期在8月上旬，是化学防治的关键时期。春季樱桃芽萌发前，喷洒石硫合剂或柴油乳剂或煤焦油乳剂，杀灭越冬雌成虫；生长季节

图6-9　桑白蚧

药剂防治抓住两个关键时期，5月中下旬和7月下旬至8月上旬，即若虫孵化还未形成介壳之前，常用药剂有吡虫啉、啶虫脒、噻嗪酮、螺虫乙酯等。

6.3 樱桃容器大苗高效建园关键技术

樱桃容器大苗建园（图6-10）是指用在容器中培育的3年生以上大规格樱桃苗，脱去容器带土球进行定植，定植当年即可开花结果。樱桃容器大苗高效建园可有效解决现阶段我国樱桃园成园慢、定植时间受限、土地利用率低、建园初期无效益、品种不明确等诸多问题。

图6-10 樱桃容器大苗建园

6.3.1　园地选择

樱桃喜光喜肥，种植的园地要选择土壤肥力高、光照度高的地块。以土壤疏松、透气性好、肥力充足的沙质壤土为宜，pH 6.0～7.5。

樱桃生长强健，树体高大，又具有不耐涝、不抗盐碱、喜光性强、对土壤通气性要求高的特性，因此在选择园地时，还应考虑选择地下水位低、排水良好、不易积涝之处。

6.3.2　授粉树配置

除考虑品种的经济性状外，还应该注意配置授粉树。樱桃除少数品种外，种植单一品种只能开花却不能结果，该现象称樱桃自交不亲和现象。即使是自花结实率较高的品种，配置授粉品种也可提高结实率，增加产量，改善品质。通常樱桃园授粉品种配置不少于20%～30%，授粉品种与主栽品种的亲和力要强，花期要与主栽品种一致，同时还要注意授粉品种的丰产性、适应性和商品性等，这样才能实现优质高产的栽培目的，获得较高的经济效益。可以通过种植较多的品种，使3～4个或以上的不同品种相互搭配授粉。授粉树的配置方式，平地果园可每隔2～3行主栽品种栽1行授粉品种；山地丘陵梯田果园可在主栽品种行内混栽，每隔3株主栽品种栽1株授粉品种。

6.3.3　栽植技术

（1）栽植时期。冬季低温、干旱和多风的地区，秋栽的樱桃树若越冬保护不当或土壤沉实不好，容易抽条，影响成活率，因此最好春栽。春栽一般在土壤解冻以后至发芽以前进行，华北地区在3月上中旬。

在温暖湿润的南方，秋栽比春栽好。秋栽宜于落叶以后至土壤封冻前进行，以10月底至11月上旬为宜。

（2）栽植密度。樱桃的栽植密度因种类、品种、砧木、土壤、肥水条件、整形方式而异。原则上生长势强、乔砧、肥水充足、管理水平高、采用大冠形整枝方式的栽植密度宜小些，反之宜大些。目前常见的栽植密度见表6-1。

表6-1　甜、酸樱桃的一般栽植密度

品种	山丘地				平原或沙滩地			
	瘠薄土壤		肥沃土壤		肥力中等土壤		肥沃土壤	
	株行距（m×m）	密度（株/hm²）	株行距（m×m）	密度（株/hm²）	株行距（m×m）	密度（株/hm²）	株行距（m×m）	密度（株/hm²）
那翁	4×5	500	5×6	333	5×6	333	6×7	238
大紫	5×5	400	5×6	333	6×7	238	6×7	238
宾库、小紫、鸡心	2×3	1 666	3×5	666	4×5	500	5×6	333
酸樱桃	2×3	1 666	3×5	666	4×5	500	5×6	333

（3）栽植方式。南北方向挖定植沟，沟宽100cm，深80～100cm，表土与底土分开堆放。定植沟挖好后及时施肥回填，回填时不要打乱土壤层次。60cm以下土层，土壤要"透气"，将底土和粗大有机物混匀填入，改良深层土，增加透气性。30～60cm土层是樱桃盛果期根系的主要分布层，土壤要"均匀"，可回填混有优质肥料的表土，肥料与土壤的比例不超过1∶3。0～30cm土层是樱桃幼树根系的分布层，土壤要"精细"，可回填掺有少量复合肥、有机肥的原表土，肥料用量要少，以防烧根。回填后浇水沉实。以每亩沟施腐熟鸡粪2 000～2 500kg或土杂肥5 000～6 000kg为宜。

3月中旬，在定植沟内挖小穴栽植。将苗木按粗度分级，粗的向北栽，细的向南栽。适当浅栽，放置苗木后舒展根系，随填土、随踏实、随提动苗木，使根系与土壤密接。栽后灌水，水渗下后1～2d覆土起垄。如要培养自然开心形或改良主干形，则栽后即定干，自然开心形干高30～40cm，改良主干形干高50～60cm，南低北高。

地下水位高的地方，提倡起垄栽培，除挖沟改良土壤外，将行间的表层土、中层土与充分腐熟的有机肥（占总体积30%）混匀，堆积起垄，垄高不低于30cm，垄宽50～80cm，将苗木栽植在垄上。

6.4　栽培管理技术

6.4.1　土肥水管理

6.4.1.1　土壤管理

山丘地具有透气性好的优点，但其土层薄、保肥保水能力差、土壤瘠薄等。改良重点是加厚土层，增加保肥保水能力。采取的措施为修筑梯田、全园深翻、培土及增施有机肥等。沙滩地虽然透气性较好，但保肥保水能力差，土壤改良时如沙层下有黏板层，首先必须深翻打破黏板层，然后通过施有机肥、掺黏土等方式增强其保肥能力。

樱桃的根系较浅，呼吸作用强，需氧量大，种植前需对土壤进行深翻，使土壤处于疏松状态，以利于樱桃根系的生长。若是土壤肥力较低或者贫瘠，可对土壤进行改良，施加腐熟农家肥；若土壤偏碱性，可进行多次中耕，并进行地膜覆盖或者覆草等以减少水分蒸发。樱桃园的深耕多选在9～10月，深度60cm左右，可防治根腐病以及其他土传病害。

樱桃生长季灌水后或雨后应及时中耕，中耕深度5～10cm，以改善土壤通气条件，同时也可起到保蓄水分和消灭杂草的作用。

树盘覆盖可以改善表层土壤结构，保持土壤水分，并能增加土壤肥力。一般采用覆膜和覆草两种形式。覆膜应在早春根系开始活动时进行，容器大苗定植后最好能立即覆膜，以提高土温，保持水分，提高栽植成活率。树盘覆草能使表层土壤温度相对稳定，提高土壤有机质含量，改善土壤理化性状，促进土壤团粒结构形成，抑制杂草生长，进而提高樱桃产量，改善品质。覆草种类有麦秸、玉米秸、豆秸、稻草等，覆草厚度为15～20cm，以后视秸秆腐烂情况每年补充新草。

树干培土是樱桃园的一项重要管理措施。樱桃产区素有培土的习惯，在定植以后即在樱桃树基部培起高30cm左右的土堆。培土除有加固树体的作用外，还能使树干基部发生不定根，增加吸收面积，并有抗旱保墒的作用。在樱桃进入盛果期前，一定要注意培土。培土最好在早春进行，秋季将土堆扒开，这样可以随时检查根颈是否有病害，发现病害及时治疗。土堆的顶部要与树干密接，防止雨水顺树干下流进入根部，引起烂根。

6.4.1.2　施肥管理

樱桃施肥应以树龄、树势、土壤肥力和品种的需肥特性为依据，掌握好肥料种类、施肥数量。

樱桃的生长发育具有迅速、集中的特点，枝叶生长和开花结实都集中在生长季的前半期。樱桃果实发育期短，只有 $30 \sim 50d$ ，其结果树一般每年只有春梢一次生长，春梢与果实发育处在同一时期，花芽分化也在果实采收后较短时间内完成，因此，樱桃对养分的需求也主要集中于生长季的前半期。提高越冬期间的树体储藏营养水平，并在生长季及时补充养分，对樱桃开花结实和花芽分化具有重要作用。

根据这些特点，樱桃施肥的关键时期主要有3个：

（1）秋施基肥。一般在 $9 \sim 11$ 月新梢停长之后进行，以早施为好，利于树体储藏营养的积累。以氮肥、磷肥、钾肥为基础，添加腐殖酸、螯合态微量元素肥料、增效剂、土壤调理剂等。根据当地樱桃树施肥现状，综合各地樱桃树配方肥配制资料，建议氮、磷、钾总养分量为35%，氮、磷、钾比例为1：0.16：1.1。基础肥料选用及用量（1t产品）如下：硫酸铵100kg、尿素290kg、钙镁磷肥15kg、过磷酸钙150kg、硫酸钾340kg、硼砂15kg、氨基酸螯合锌锰铁20kg、氨基酸20kg、生物制剂20kg、增效剂10kg、调理剂20kg。

也可选用生态有机肥、含腐殖酸硫酸钾型复混肥（18-8-4）、腐殖酸涂层长效肥（18-10-17）、有机无机复混肥（14-6-10）等。

（2）花前追肥。樱桃开花坐果期间对营养条件要求较高。萌芽、开花主要消耗储藏营养，而坐果则主要靠当年的营养，因此初花期追肥对提高坐果率、促进枝叶生长有重要作用。

（3）采果后补肥。樱桃采果后10d左右，即开始大量分化花芽。

但此时果实发育和新梢生长已消耗大量养分，容易出现树体养分亏缺。此时追肥非常关键，对增加营养积累，促进花芽分化，维持树势健壮具有重要作用。

追肥可施用腐殖酸包裹尿素、增效尿素、腐殖酸型过磷酸钙、缓释磷酸二铵、大粒钾肥、含腐殖酸硫酸钾型复混肥（18-8-4）、腐殖酸涂层长效肥（18-10-17）、有机无机复混肥（14-6-10）等。

6.4.1.3　水分管理

根据樱桃的需水规律，一般每年分5个时期进行灌溉，分别为花前水、硬核水、采前水、采后水和封冻水，灌水量根据当地气候条件及土壤水分状况确定。花前水，需注意在土壤解冻后进行，保证水分能渗透到地表40cm以下；硬核水，保证10～30cm的土层持水量高于60%，防止幼果早衰脱落；采前水一般在采收前10～15d进行，为避免裂果，此时灌水应遵循少量多次原则；采后水应结合追肥进行灌溉，满足树体树势恢复和花芽分化的需要；在落叶后至封冻前浇灌封冻水，可保证樱桃安全越冬。此外，樱桃不抗涝，对淹水反应敏感，因此雨季需注意排水。果实发育后期接近成熟和采收时，还应做好避雨措施，防止遇雨引起裂果。

▌6.4.2　整形修剪

樱桃的生长较为旺盛，顶端优势较强，易引起树体生殖生长及营养生长不平衡，导致开花少、结果少、产量低。因此，在植株生长旺盛时期进行枝条的修剪，可以促进花芽分化，平衡树的长势。

（1）冬季修剪。结果树的修剪需注意在采果后进行，剪除过密过强扰乱树冠的大枝，促进花芽的形成。

（2）夏季修剪。根据樱桃树栽植行列排布选择合理的整形技术。针对Y形排布，选择配套支撑架将樱桃树枝进行绑缚，使两侧的主枝保持对称状态，增强透光通风能力；针对自然开心形的樱桃幼树，保留中间3个主枝，分枝角度控制在30°左右，保留中心主干，栽种4年后，可修剪成为开心形。在樱桃幼树阶段进行长期摘心，适当增加分枝，扩大树冠，以提高结果率。

具体整形修剪技术见6.2.3.2。

6.4.3 花果管理

樱桃花果管理主要是辅助授粉、疏花疏果以及促进果实着色，提升果实品质等。详见6.2.3.3。

6.4.4 病虫害防控

具体病虫害防控技术见6.2.3.4。

第7章
葡萄容器大苗培育及高效建园关键技术

7.1 主要栽培品种

早黑宝

来源 >> 山西省农业科学院果树研究所以瑰宝为母本、以早玫瑰为父本杂交结合化学诱变处理培育而成的鲜食品种。

单穗重 >> 平均426g

单果重 >> 平均7.5g

可溶性固形物 >> 15.8%

特征特性 >> 早熟；果穗圆锥形带歧肩，果穗大，果粒大，果粉厚；果皮紫黑色，较厚、韧；肉质较软，具浓郁玫瑰香气，品质优异；抗白腐病能力较强，抗霜霉病能力一般；无裂果；是目前最具推广价值的早熟和设施栽培品种。适合在我国华北和西北地区种植（图7-1）。

图7-1　早黑宝

秋红宝

来源>>山西省农业科学院果树研究所采用瑰宝和粉红太妃品种杂交结合化学诱变处理选育的鲜食品种。

单穗重>>平均508g

单果重>>平均7.1g

可溶性固形物>>21.8%

特征特性>>中晚熟；果穗圆锥形双歧肩，穗形整齐，穗大，粒大；果皮紫红色，薄、脆，果皮与果肉不分离；果肉致密硬脆，味甜、爽口，具荔枝香气，风味独特，品质上等。适合在我国华北和西北地区种植（图7-2）。

图7-2　秋红宝

丽红宝

来源>>山西省农业科学院果树研究所采用瑰宝和无核白鸡心杂交培育而成。

单穗重>>平均300g

单果重>>平均3.9g

可溶性固形物>>19.4%

特征特性>>中熟；无核，果穗圆锥形，穗形整齐，中等大小；果皮紫红色，薄、韧；果肉脆，具玫瑰香气，风味独特，品质上等；抗病性强，适应性强。适合在我国华北和西北地区种植（图7-3）。

图7-3　丽红宝

无核翠宝

来源>>山西省农业科学院果树研究所采用瑰宝和无核白鸡心杂交培育而成。

单穗重>>平均345g

单果重>>平均3.6g

可溶性固形物>>17.2%

特征特性>>早熟；无核，果穗圆锥形带歧肩，穗形整齐，果穗中大，果粒大小均匀，果皮黄绿色，薄脆；果肉脆，具玫瑰香气，酸甜爽口，品质上等；抗病性强，适应性强，为优良欧亚种无核葡萄新品种。适合在我国华北和西北地区种植（图7-4）。

图7-4 无核翠宝

7.2 葡萄容器大苗培育

7.2.1 育苗容器与基质

容器的选择与填充详见第2章。一般情况下，葡萄容器大苗的培育选用直径25～30cm、深30cm的控根容器，装满营养土备用。营养土可选用肥沃壤土，掺加30%的腐熟厩肥搅拌均匀。

7.2.2 苗木选择

葡萄容器大苗培育时要求为品种纯正、枝条健壮、根系发达、无损伤与病虫危害的2年生自根苗或嫁接苗，于清明节前后，栽入控根容器内，按30cm×50cm的株行距，摆放于育苗圃内，培育葡萄大苗。葡萄苗木的选择可参照表7-1和表7-2。

表 7-1　葡萄自根苗标准
（引自 NY 469—2001）

项　目	级别		
	一级	二级	三级
品种纯度（%）		≥98	
根系			
侧根数量（个）	≥5	≥4	≥4
侧根粗度（cm）	≥0.3	≥0.2	≥0.2
侧根长度（cm）	≥20	≥15	≥15
侧根分布		均匀、舒展	
枝干			
成熟度		木质化	
枝干高度（cm）		≥20	
枝干粗度（cm）	≥0.8	≥0.6	≥0.5
根皮与枝皮		无新损伤	
芽眼数	≥5	≥5	≥5
病虫害情况		无检疫对象	

表 7-2　葡萄嫁接苗标准
（引自 NY 469—2001）

项　目	等级		
	一级	二级	三级
品种纯度（%）		98	
根系			
侧根数量（个）	≥5	≥4	≥4
侧根粗度（cm）	≥0.4	≥0.3	≥0.2
侧根长度（cm）		≥20	
侧根分布		均匀、舒展	

（续）

项　　目	等级		
	一级	二级	三级
枝干			
成熟度		充分成熟	
枝干高度（cm）		≥30	
接口高度（cm）		10～15	
粗度（cm）			
硬枝嫁接	≥0.8	≥0.6	≥0.5
绿枝嫁接	≥0.6	≥0.5	≥0.4
嫁接愈合程度		愈合良好	
根皮与枝皮		无新损伤	
接穗品种芽眼数	≥5	≥5	≥3
砧木萌蘖		完全清除	
病虫害情况		无检疫对象	

7.2.3　苗木管理

7.2.3.1　肥水管理技术

（1）施肥管理。葡萄结果早，2年生自根苗或嫁接苗移栽至育苗容器中即可开花结果，其又是一种喜肥果树，因此需高水肥管理。在对树体各部位主要营养元素含量分析的基础上得出葡萄全树含氮、磷、钾、钙、镁的比例是1∶0.59∶1.10∶1.36∶0.09。

葡萄树生长旺盛，结果量大，因此对养分的需要也明显较多。葡萄树也称钾质果树，整个生育期都需要大量的钾，钾需要量居三要素首位。葡萄生长过程中对钾的需要和吸收显著超过其他果树，为梨树的1.7倍，为苹果树的2.25倍。因此，葡萄树施肥应特别注意钾肥的施用。在一般生产条件下，葡萄对氮、磷、钾的需要比例为1∶0.5∶1.2，若要进一步提高产量和改善品质，对钾的需要量会更多。除钾外，葡萄树对钙、镁、硼等元素的需要量也明显高于其他果树，特别是钙素在葡萄树吸收的营养中占有较大比例。镁也是葡萄树不可缺少的营养元素之一，但其吸收量只为氮的1/5以下，另外需要注意大量施用钾肥容易导致镁缺乏。葡萄是需硼较高的果树，对土壤中的硼极为敏感，如不足就会发生缺硼症。

葡萄树对营养元素的吸收自萌芽后不久就开始，并且吸收量逐渐增加，分别在末花期至转色期和采收后至休眠前有两个吸收高峰，高峰期的出现与葡萄树根系生长高峰正好吻合。一年之中，在生长发育的不同阶段，葡萄树对不同营养元素的需要种类和数量也明显不同。一般从萌芽至开花前主要需要氮素和磷素，开花期需要硼素和锌素，幼果生长至成熟期需要充足的磷素和钾素，果实成熟前主要需要钙素和钾素。

（2）水分管理。葡萄是需水量较多的果树，叶面积大，蒸发量多。北方葡萄生产区一般春季、初夏土壤往往较干旱，并且全年降水量分布不均匀，2/3降水集中在7~8月，其他月份经常出现缺水现象，因此为了使葡萄丰产、优质，必须保证水分供应，雨季还要注意排水。

一般在以下时期对葡萄容器大苗进行灌水或控水：春季出土上架后至萌芽前灌水（催芽水）；开花前灌水（催花水）；开花期控水；浆果膨大期灌水；浆果着色期控水；采收后灌水（采后水或秋肥水）；秋冬期灌水（防寒水或封冻水）。

7.2.3.2 整形修剪技术

（1）整形。葡萄的架式、整形和修剪三者之间是密切相关的。一定的架式要求一定的树形，而一定的树形又要求一定的修剪方式，三者必须相互协调，才能取得良好的效果。葡萄的整枝形式极为丰富，根据其树体形状分成三大类，即头状、扇形及龙干形整枝，从每类中选有代表性或较常见的树形介绍如下。

①头状整枝。植株具有一个直立的主干，干高0.6~1.2m，在主干的顶端着生枝组和结果母枝。由于枝组着生部位比较集中且呈头状，故称为头状整枝，这种树形可做短梢修剪，也可进行长梢修剪。

头状整枝短梢修剪：柱式架、头状整枝和短梢修剪三者结合。由于枝组基轴逐年分枝与延长，因此最后将成为一个结构紧凑的小杯状形。

头状整枝长梢修剪：植株主干头部着生1～4个长梢枝组（通常为2个）。如着生2个枝组，其上发出的结果新梢自然下垂不加引缚，则可采用拉一道钢丝的篱架。如主干头部着生4个长梢枝组则可用宽顶单篱架，4个长结果母枝分别向两侧引缚在横梁上的两道钢丝上。

头状整枝长梢修剪过程：第1年，主干上发出的新梢保留顶部的5～8个，其余抹芽，冬剪时在稍靠下方的新梢中选留2个最健壮的作为预备枝，再根据树势强弱在上方选留1～2个新梢作为结果母枝，剪留8～12芽。第2年，下方的2个预备枝上各形成2个健壮的新梢，冬剪时即按长梢枝组进行修剪，上位新梢作为长梢结果母枝，下位的仍留2～3芽短截作为预备枝，形成两个固定的枝组后，整形即告完成，上部已结过果的母枝，可齐枝组的上方剪除。

②扇形整枝。一般植株具有较长的主蔓，主蔓上着生枝组和结果母枝，大型扇形的主蔓上还可以分生侧蔓。主蔓的数量一般为4～6个或更多，在架面上呈扇形分布，故称为扇形整枝。植株具有主干或没有主干，没有主干的称为无主干扇形整枝，从地面直接培养主蔓，主要是为了便于下架防寒。扇形整枝既可用于篱架，也可用于棚架。当前在篱架上广泛采用无主干多主蔓自然扇形。

无主干多主蔓扇形的整枝过程：第1年，即定植当年最好从地面附近培养出3～4个新梢作为主蔓。秋季落叶后，1～2个粗壮新梢可留50～80cm短截。较细的1～2个可留2～3芽短截。第2年，去年长留的1～2个主蔓，当年可抽出几个新梢。秋季选留顶端粗壮的新梢作为主蔓延长蔓，其余的留2～3芽短截，以培养枝组。去年短留的主蔓，当年可发出1～2个新梢，秋季选留1个粗壮的新梢作为主蔓延长蔓，根据其粗度进行不同程度的短截。第3年，按上述原则继续培养主蔓与枝组。主蔓高度达到第三道钢丝，并具备3～4个枝组时，整形基本完成。

③龙干形整枝。一般较常见的有3种类型：独龙干整枝；在小

棚架或大棚架上采用的两条龙干整枝；篱架上采用的单臂水平和双臂水平整枝。在不防寒地区可以具有较高而直立的主干。

小棚架两条龙干的整枝过程：第1年，从靠近地面处选留两个新梢作为主蔓，并设支柱引缚。秋季落叶后，对粗度在0.8cm以上的成熟新梢，留1m左右进行短截。第2年，每一主蔓先端选留一个新梢继续延长，秋季落叶后，主蔓延长蔓一般可留1～2m进行剪截。延长蔓剪留长度可根据树势及其健壮充实的程度加以伸缩。不宜剪留过长，以免造成"瞎眼"而使主蔓过早地出现光秃带。同时注意第2年不要留果过多，以免延迟树形的完成。延长蔓以外的新梢可留2～3芽进行短截，培养成为枝组。主蔓上一般每隔20～25cm留一个永久性枝组。第3年仍按上述原则培养主蔓及枝组，一般在定植后2～4年即可完成整形过程。

（2）冬季修剪。冬季修剪是指葡萄落叶后到封冻降临前进行的修剪，分为短梢修剪（2～4芽）、中梢修剪（5～7芽）和长梢修剪（8芽以上）。中、长梢修剪时，采用双枝更新的修剪方法，即在中梢或长梢的下位留一个具有2～3个饱满芽的预备枝，当中、长梢完成结果后，在预备枝的上方将其剪除。预备枝上留下的2个新梢，靠上位的休眠期修剪时，仍按中、长梢进行修剪，下位的新梢剪留2～3个芽作为预备枝。短梢修剪时，采用单枝更新修剪法，即结果母枝上发出2～3个新梢，在冬剪时回缩到最下位的一个枝，并剪留2～3个芽作为下一年的结果母枝。

葡萄枝蔓组织疏松易失水，冬剪时剪口下常有一小段干枯，为了保护剪口下芽，修剪时必须在剪口芽上留3～5cm枝段防止抽干；幼树整形和主蔓更新期间，应从主蔓延长蔓开始往下修剪，以免造成不必要的损失；修剪时要避免伤口过多、过密，否则树体恢复慢，易发生病虫害，影响水分及养分运输。

（3）夏季修剪。葡萄夏季修剪主要是调节生长和结果的关系，去除无用的芽眼和新梢，减少养分消耗，改善通风透光条件，减少病虫害，提高葡萄产量和品质。主要包括抹芽疏枝、定枝、引缚绑蔓、疏花序与打穗尖、摘心、处理副梢和去卷须等。

7.2.3.3 花果管理技术

（1）提高坐果率。对生长势强的结果枝，可于开花前在花序上部进行扭梢，使坐果率明显提高。也可于开花前用0.2%硼砂溶液喷布叶片和花序，或在花后5～7d喷布葡萄膨大剂。

（2）疏穗、疏粒、定产量。落花后10～15d根据坐果情况进行疏穗，生长势强壮的结果枝一般留1～2个果穗，生长势中庸的结果枝保留一穗果，生长势弱的结果枝一般不留果穗。经过疏穗使每株2年生树每条主蔓保留4～5穗果较适宜，多年生葡萄每平方米架面上保留5～8穗果即可。

落花后15～20d，根据坐果的好坏及早疏粒，疏去部分过密果和小果，使大粒品种每个果穗保留50个果粒左右，单穗重500～600g。

（3）促进果实着色和成熟。在控制产量和进行良好管理的前提下，于果实着色前，采取环割、摘叶、喷着色增糖剂等措施促进果实着色和成熟。

7.2.3.4 采收、分级和包装

（1）采收时期。鲜食葡萄一般在浆果接近或达到生理成熟时及时采收。其生理成熟时的标志：有色品种充分表现出其固有色泽，白色品种则呈金黄色或白绿色，果粒略呈透明状，同时果肉变软而富有弹性，达到该品种固有的含糖量和风味；大部分品种穗梗基部逐渐木质化而变成黄褐色。酿造用葡萄一般需根据不同酒类所要求的含糖量进行采收：酿造普通葡萄酒（干酒、佐餐用葡萄酒），要求17%～22%的含糖量；酿造甜葡萄酒（餐后用酒）要求含糖量在23%以上；制果汁用葡萄要求含糖量为17%～20%，含酸量为0.5%～0.7%。

（2）采收方法。采摘时用手指捏住穗梗，小心剪下果穗，一般葡萄穗梗剪留3～5cm，随即放入果筐，送到果场进行分级包装。酿造用葡萄采收后可直接就地装箱，尽快运到酒厂进行加工。采收时间最好在晴朗的上午或傍晚。在露水未干的清晨、雾天、雨后或烈日暴晒下均不宜进行采收，以免降低果实的储运性。

7.2.3.5 病虫害防控技术

（1）葡萄主要病害及防治。

①葡萄炭疽病。真菌性病害。葡萄炭疽病能侵染果实、枝蔓、叶和卷须等部位。被侵染处发生褐色小圆斑点（图7-5），逐渐扩大并凹陷，病斑上产生同心轮纹状近圆形线纹，并生出排列整齐的小黑点，这些黑点是分生孢子盘，潮湿天气分生孢子盘漏出粉红色胶状分生孢子团。病斑可扩展到整个果面，病果逐渐干缩成僵果，有时整穗干缩成僵果。

图7-5 葡萄炭疽病

防治方法：彻底清除病穗、病蔓和病叶等，以减少菌源。在长江以南地区，可在谢花后立即套袋。加强栽培管理，及时整枝、绑蔓、摘心，使架面通风。增施磷、钾肥，控制氮肥用量。在萌芽成绒球期时，喷一次0.3%五氯酚钠加4波美度石硫合剂作为铲除剂。南方自4月下旬，北方自5月下旬，进行喷药防治，以后一般每隔10～15d喷药一次，可喷代森锰锌。

②葡萄白腐病。真菌性病害。果梗和穗轴发病处先产生淡褐色水渍状近圆形病斑，后期病粒及穗轴病部表面产生灰白色小颗粒状分生孢子器，湿度大时由分生孢子器内溢出灰白色分生孢子团。病果易脱落，病果干缩时呈褐色或灰白色僵果（图7-6）。枝蔓发病初期现水渍状淡褐色病斑，形状不定，病斑多纵向扩展成褐色凹陷的大斑，表皮生灰白色分生孢子器，呈颗粒状，后期病部表皮纵裂与木质部分离，表皮脱落，维管束呈褐色乱麻状，当病斑扩及枝蔓表皮一圈时，其上部枝蔓

图7-6 葡萄白腐病

枯死。叶片发病多发生在叶缘部，初生褐色水渍状不规则病斑，逐渐扩大略成圆形，有褐色轮纹。

防治方法：彻底清除病枝蔓、病穗和病叶。及时整枝，抬高结果部位，及时除草，注意排水，徒长植株花前严禁施用氮肥。北方葡萄出土后喷5波美度石硫合剂，幼果期开始（6月上旬）每隔15d左右喷药预防一次，直至采收。南方要抓住花序分离期（4月下旬至5月上旬）、谢花后7d、成熟前半个月的防治工作。

③葡萄霜霉病。真菌性病害。葡萄霜霉病主要危害叶片、新梢和幼果。叶片被害处先产生边缘不清的淡黄褐色水渍状小斑，病斑逐渐扩大成不规则或略成圆形的黄褐色大斑（图7-7）。严重时病斑及病斑外侧叶干枯或整叶干枯，并导致脱落。新梢受害处生出水渍状褐色斑，严重时新梢扭曲，停止生长甚至枯死，湿度大时病斑上产生霜状霉层。卷须、叶柄和穗轴也可被害。幼果受害后产生水渍状淡褐色斑，湿度大时幼果和果穗生灰白色霉层，秋季二次果受害较重。果实着色后受害较轻。

图7-7　葡萄霜霉病

防治方法：清除落叶、病枝，深埋或烧毁。及时摘心、整枝、排水和除草，增施磷、钾肥。发病初期即应开始喷药，北方一般6月上中旬开始，每隔15d喷药一次，用甲霜·锰锌防治效果较好，在长江以南地区，初秋之前原则上可结合葡萄黑痘病同时进行喷药防治。

④葡萄黑痘病。真菌性病害。危害幼果、新梢、叶片及卷须等绿色幼嫩部分。幼果受害，先在果面出现褐色小圆斑，后渐扩大，病斑中央呈灰白色（图7-8）。新梢、卷

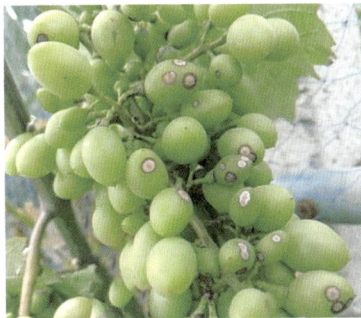

图7-8　葡萄黑痘病

须、叶柄和果柄受害，初呈褐色圆形或不规则小斑点，后扩大为近椭圆形。蔓上形成溃疡斑，病梢停止生长，以致枯萎变干变黑。嫩叶受害，初呈现针头大小的褐色或黑色小点。

防治方法：结合夏季修剪或于整个生长季节，彻底剪除病梢、摘除病果和病叶，秋季修剪后彻底清扫枯枝落叶，集中烧毁或深埋，以最大程度地减少菌源。合理增施钾肥，以防止植株徒长，增强树势，提高抗病力；架面分布合理，保持良好的通风透光条件。春天植株出土发芽前，地面喷施五氯酚钠。发病初期喷洒1：0.7：（200～240）波尔多液，或使用代森锰锌、多菌灵等防治。

⑤葡萄白粉病。真菌性病害。果实、叶片和新枝蔓等绿色部位均可受害，以果实受害损失最大。果实受害，先在果粒表面产生一层灰白色粉状霉（图7-9），擦去白粉，表皮呈现褐色花纹，最后表皮细胞变为暗褐色。叶片受害，在叶表面产生一层灰白色粉质霉，逐渐

图7-9　葡萄白粉病

蔓延到整个叶片，严重时病叶卷缩枯萎。新枝蔓受害，初呈现灰白色小斑，后扩展蔓延使全蔓发病，病蔓由灰白色变成暗灰色，最后黑色。

防治方法：加强栽培管理，增施有机肥料，增强树势，提高抗病力。及时摘心，疏剪过密枝叶和绑蔓，保持通风透光良好。注意果园卫生，清除病残体，集中烧毁或深埋，减少菌源。在发芽前应喷0.5%几丁聚糖（艾秋白）或3～5波美度石硫合剂进行防治。

⑥葡萄褐斑病。真菌性病害。大褐斑病由葡萄假尾孢菌侵染引起，主要危害叶片，侵染点发病初期呈淡褐色、不规则角状斑点，病斑逐渐扩展，严重时数斑连成大斑，直径3～10mm，边缘清晰，叶背面病部周边模糊，后期病部枯死，多雨或湿度大时产生

灰褐色霉状物。小褐斑病由束梗尾孢菌寄生引起，侵染点发病出现黄绿色小圆斑点并逐渐扩展为2～3mm的圆形病斑（图7-10）。病斑部逐渐枯死变褐，后期叶背面病斑生出黑色霉层。

图7-10　葡萄褐斑病

防治方法：彻底清除枯枝落叶，减少菌源。合理施肥，增施多元素复合肥，增强树势，提高抗病力；科学整枝，及时摘心，保持架面通风透光。

⑦葡萄扇叶病。病毒性病害。病株衰弱，寿命短，平均减产30%～50%。叶片略成扇状，叶脉发育不正常，主脉不明显，由叶片基部伸出数条主脉，叶缘多齿，常有褪绿斑或条纹，其中黄化叶株系叶片黄化，叶面散生褪绿斑，严重时整叶变黄。镶脉株系病叶沿叶脉变黄。枝蔓受害，病株分枝不正常，枝条节间短，常发生双节或扁枝症状，病株矮化。果实受害，果穗分枝少，结果少，果实大小不一，落果严重。

防治方法：选择土壤内没有传毒线虫的地块建园，栽树前用杀线虫剂杀灭土壤线虫。采用组培法培养无毒苗，栽种不带毒的良种苗。病株率不高时可以及时刨除发病株并对病株根际土壤使用杀线虫剂杀死传毒线虫。及时防治各种害虫，尤其是可能传毒的害虫，如叶蝉、蚜虫等，减少传毒机会。

⑧葡萄黑腐病。真菌性病害。葡萄黑腐病主要发生在果实、叶片、叶柄和新梢上。果实被害后发病初期产生紫褐色小斑点，逐渐扩大后，边缘褐色，中央灰白色，稍凹陷，发病果软烂，而后变为干缩僵果（图7-11）。叶片发病时，初期

图7-11　葡萄黑腐病

产生红褐色小斑点，逐渐扩大成近圆形病斑，中央灰白色，外缘褐色，边缘黑褐色，上面生出许多黑色小突起。新梢受害处生褐色椭圆形病斑，中央凹陷，其上生有黑色颗粒状小突起。

防治方法：清除越冬菌源，及时排水，增施有机肥。用苯醚甲环唑、代森锰锌、甲基硫菌灵喷雾防治。

⑨葡萄蔓枯病。真菌性病害。主要发生在2年生以上枝蔓的茎基部，也可侵害新梢及果实。枝蔓受害后，基部初现红褐色病斑，略凹陷，后扩大成黑褐色大斑（图7-12）。

防治方法：加强栽培管理，及时剪除病蔓并烧毁，以减少越冬菌源；增施有机肥料，促进葡萄生长健壮，提高植株抗病能力；保护枝蔓免受各种损伤。用刀刮除老蔓上的病斑。

图7-12 葡萄蔓枯病

⑩葡萄粒枯病。真菌性病害。主要危害葡萄的果粒和穗轴，严重发生时也可危害叶片。未成熟果粒呈现暗褐色至黑褐色病斑，病部逐渐凹陷；着色后病斑呈暗赤褐色，后变褐色（图7-13）。

防治方法：彻底清除植株病残体，以减少越冬菌源。增施有机肥料，提高葡萄抗病能力。落

图7-13 葡萄粒枯病

花后喷洒1∶0.7∶200波尔多液，每隔半个月喷1次，连喷3～5次，有较好的防治效果。

（2）葡萄主要虫害及防治。

①斑叶蝉。成虫体长约3mm，头部为浅黄白色，头顶有2个明显的圆形黑斑，前胸背板前缘有几个浅褐色小斑点，中央具有暗褐

色纵纹。翅透明，为黄白色，有浅褐色条纹（图7-14）。

危害状：以成虫、若虫聚集在叶片背面吸食汁液，被害处形成针头大小的白色斑点，有时白点连成片，整个叶片失绿苍白，然后枯萎脱落。

防治方法：秋后彻底清扫园内落叶和杂草，减少越冬虫源。加强田间管理和夏剪措施，保持架面通风透光

图7-14　斑叶蝉

良好。成虫开始发生时，及时连续喷2次吡虫啉或溴氰菊酯。

②透翅蛾。成虫长18～20mm，形似黄蜂，体呈蓝黑色，头部、颈部、后胸两侧及腹部各节联络处为橙黄色；前翅呈红褐色，后翅半透明，腹部有3条黄色横带，第四节中央的一条最宽（图7-15）。幼虫头部为红褐色，口部为黑色，胴部为浅黄色，身体全部疏生细毛。

图7-15　透翅蛾

危害状：主要以幼虫蛀食1年生枝蔓，被害部位膨大，内部形成较长的孔道，妨碍树体水分和营养输送，使叶片枯黄脱落。该虫危害的最大特征是蛀孔周围有堆积的虫粪。

防治方法：冬季修剪时，剪除被害枝条并烧毁，消灭越冬虫源。6～7月经常检查嫩枝，发现被害枝及时剪掉。从蛀孔注入吡虫啉，然后用黏土泥堵封蛀孔。

③虎蛾。成虫体长18～20mm，翅展45mm左右，头胸及前翅呈紫褐色，体翅密生黑色鳞片，前翅中央肾形纹和环形纹各一个。后翅呈橙黄色，外缘呈黑色，臀角有一个橘黄色斑，中室有一个黑点。腹部呈杏黄色，背面有一列紫棕色毛簇（图7-16）。老熟幼虫体长约40mm，头部呈黄色，上面有黑点。胸、腹背面呈浅绿色，每节

有大小黑色斑点，疏生白色长毛。蛹呈红褐色，体长18～20mm，尾端齐，左右有突起。

危害状：以幼虫咬食嫩芽和幼片为主，危害严重时可将叶片吃光。

防治方法：冬剪后，结合葡萄埋土和出土上架，拣拾越冬蛹消灭。结合田间管理，利用幼虫

图7-16　虎蛾

静伏叶背的习性，可人工捕杀幼虫。幼虫发生量大时，可喷2.5%高效氯氟氰菊酯乳油1 500～2 000倍液，或1.8%阿维菌素乳油2 500～3 000倍液，或25%灭幼脲悬浮剂2 000～2 500倍液防治。

④十星叶甲。成虫体长12mm，宽8mm左右，为黄褐色、椭圆形。头小，大半缩入前胸内。鞘翅宽大，每个鞘翅上各有圆形黑色斑点5个，两鞘翅共10个，故名十星叶甲（图7-17）。卵长约1mm，为椭圆形。幼虫体长约8mm，略扁平，近梭形，为土黄色；胸部背面有褐

图7-17　十星叶甲

色突起2行，每行4个，胸足3对，为黄色。

危害状：以成虫及幼虫啮噬葡萄叶片或幼芽，造成叶片穿孔或残缺。

防治方法：幼虫期喷2.5%高效氯氟氰菊酯乳油1 500～2 000倍液。利用该虫的假死性，清晨震动葡萄架，使成虫和幼虫落下后收集消灭。摘除接近地面、幼虫密集的叶片，集中处理。

⑤斑衣蜡蝉。成虫体长15～25mm，翅展40～50mm，全身为灰褐色；前翅革质，基部约2/3为浅褐色，翅面具有20个左右的黑点；端部约1/3为深褐色；后翅膜质，基部为鲜红色，具有黑点；端部为黑色。体翅表面附有白色蜡粉。头角向上卷起，呈短角突

起。翅膀颜色偏蓝者为雄性，翅膀颜色偏米色为雌性。斑衣蜡蝉喜干燥炎热处。一年发生1代（图7-18）。

危害状：以成虫、若虫群集在叶背、嫩梢上刺吸危害，栖息时头翘起，有时可见数十头群集在新梢上，排列成一条直线；引起被害植株发生煤污病或嫩梢萎缩、畸形等，严重影响植株的生长和发育。

图7-18　斑衣蜡蝉

防治方法：结合冬季修剪，刷除卵块。斑衣蜡蝉以臭椿为原寄主，在危害严重的纯林内，应改种其他树种或营造混交林。保护利用若虫的寄生蜂等天敌。若虫、成虫发生期，可喷洒5%溴氰菊酯乳油3 000倍液，或2.5%高效氯氟氰菊酯乳油3 000倍液，或50%辛硫磷乳油2 000倍液防治。

⑥瘿螨。雌成螨体长0.1～0.3mm，白色，圆锥形，密生80余条环纹。近头部有足2对，腹部末端两侧各生1条细长刚毛。雄虫体略小。卵呈椭圆形、浅黄色。若螨与成螨相似，体小。

危害状：瘿螨主要在叶背面危害，初期叶背产生许多不规则白色斑块，逐渐扩大呈现一层很厚的毛毡状白色绒毛，后变茶褐色至深褐色。受害部位叶背凹陷，正面凸起，形成大小不一的不规则"病斑"，严重时叶片凹凸不平。枝蔓受害肿胀成瘤，表皮胀裂。

防治方法：冬、春季彻底清扫果园，收集被害叶片并深埋。在葡萄生长初期，发现有被害叶片时，立即摘掉烧毁，以免继续蔓延。早春葡萄芽萌动时，喷3～5波美度石硫合剂，以杀死潜伏在芽内的瘿螨，这次喷药是防治瘿螨的关键。在历年发生严重的园片，可在发芽后喷0.3～0.5波美度石硫合剂加0.3%洗衣粉的混合液，进行淋洗式喷雾，效果很好。葡萄生长季节，发现有瘿螨危害时，可喷34%柴·哒乳油2 500倍液，或73%炔螨特乳油2 000倍液，或25%

三唑锡可湿性粉剂 1 000 倍液，或 50% 丁脒脲悬浮剂 1 500 倍液，或 50% 硫悬浮剂 400 倍液防治。

7.2.3.6　越冬与防寒技术

由于葡萄休眠期抗寒能力存在局限性，当处于超过其抗寒能力极限的低温环境时，葡萄植株特别是根系就会发生冻害。为了防止冬季植株发生冻害，一般认为在冬季绝对最低气温平均值 −15℃ 线以北地区都要采取越冬防寒措施才能安全越冬。

（1）越冬防寒的时期。各地气候条件不同，越冬防寒时期的早晚有一定出入，但总的原则是在冬剪后、园地土壤结冻前 1 周左右。

（2）防寒土堆的规格。多年的生产实践经验表明，若在越冬期间能保持葡萄根桩周围 1m 以上和地表下 60cm 土层内的根系不受冻害，第 2 年葡萄植株就能正常生长和结果。可根据当地历年地温稳定在 −5℃ 的土层深度作为防寒土堆的厚度，防寒土堆的宽度为 1m 加两倍的厚度。如沈阳历年 −5℃ 地温在 50cm 深度，鞍山为 40cm，熊岳为 30cm，则防寒土堆的厚度和宽度分别为：沈阳 50cm×200cm、鞍山 40cm×180cm、熊岳 30cm×160cm。此外，沙地葡萄园由于沙土导热性强，且易透风，防寒土堆的厚度和宽度需适当增加。

（3）越冬防寒的方法。

①地面实埋防寒法。此法是目前生产上广泛采用的一种方法，操作如下：将修剪后的枝蔓顺一个方向依次下架、理直、捆好，平放在地面中央。有些地区习惯在枝蔓的上部和两侧堆放秸秆或稻草，不太寒冷的地区可以省去覆盖物。埋土时先将枝蔓两侧用土挤紧，然后覆土至所需要的宽度和厚度。取土沟靠近植株一侧，距防寒土堆外沿不短于 50cm（离植株基部 1.5m 左右），以防根系侧部受冻。埋土时要边培土边拍实，防止土堆透风。土壤封冻之前，最好在取土沟内灌 1～2 次封冻水，以提高防寒土堆内的温度，防止根系侧部受冻。

②地下开沟实埋法。在行边离根桩 30～50cm 处顺行向开一条

宽和深各40～50cm的防寒沟，将捆好的枝蔓放入沟中，可先覆盖有机物，也可直接埋土。这种方法多年挖沟对根系有损伤和破坏作用，而且费工，目前仅在个别地区应用。

③深沟栽植防寒法。此种方法适于气候寒冷干燥的地区和排水良好的地块，内蒙古应用较多。栽植前，先挖掘30～40cm深的沟，葡萄栽植和生长在沟中，防寒时可实埋防寒，也可空心防寒，越冬安全系数大。

④塑膜防寒法。先在枝蔓上盖麦秆或稻草40cm厚，再盖塑料薄膜，周围用土培严。但要特别注意不能碰破薄膜，以免因冷空气透入而造成冻害。

⑤简化防寒法。采用抗寒砧木嫁接的葡萄，由于根系抗寒力强于自根苗的2～4倍，故可大大简化防寒措施，节省防寒用土的1/3～1/2。

（4）出土上架。葡萄在树液开始流动至芽眼膨大以前，必须撤除防寒土，并及时上架。由于每年气候变化，准确掌握适时的出土日期十分必要，可用某些果树的物候期作为指示植物。据各地的多年经验，一般在当地山桃初花期或杏栽培品种的花蕾显著膨大期开始撤去防寒物较为适宜。美洲种及欧美杂种葡萄的芽眼萌发较欧洲种葡萄要早，出土日期应相应提早4～6d。

撤除防寒物后要修整好栽植畦面，并进行一次扒老皮工作，这是葡萄生产上防治病虫害不可缺少的一个环节。为了防止芽眼干燥，使芽眼萌发整齐，出土后可将枝蔓在地上先放几天，等芽眼开始萌动时再将枝蔓上架并均匀绑在架面上，进入正常的生长季管理工作。

7.2.4 苗木出圃

葡萄容器大苗出圃可参照3.2.6。

为防止病虫害的传播与扩散，苗木调运时必须到植物检疫部门进行苗木检疫。获得由检疫部门出具的检疫合格证书的苗木才能在地区间调运。目前列入全国性植物检疫对象的葡萄病虫害主要有葡萄根瘤蚜和葡萄藤猝倒病菌等。

7.3 葡萄容器大苗高效建园关键技术

葡萄容器大苗高效建园，由于其栽植时带有土球（图7-19），因此具有栽苗不伤根，成活率高（几乎可达100%），栽后生长迅速，当年枝蔓组织充实、健壮，易成花，翌年即可丰产等优点。

图7-19　葡萄容器大苗高效建园

7.3.1　园地选择

葡萄园地选择时主要考虑以下几个问题：

葡萄是喜光植物，要求园地有良好的光照、通风条件，降水量不能过大，最好是昼夜温差大的地方。

葡萄对土壤的适应性较强，但是最适合在有机质丰富、疏松肥沃的沙壤土上栽培。土壤过于黏重、板结及通气不良、排水不好、过酸过碱的土壤不适于栽植葡萄。

葡萄产量高，生长迅速，生长期需大量水分供应，因此葡萄园地必须有灌水和排水条件。

风沙大的地方建葡萄园要建防风林。防风林离葡萄行10～15m，以免遮阴影响葡萄生长。

7.3.2　品种搭配

要选择适应当地条件、结果早、产量高、品质好、抗病、易管理、耐储藏运输的优良品种。果园较大时，还要注意早、中、晚熟品种搭配，以便合理安排劳动力，避免忙闲不均。果园品种不能过分单纯，最好有几个主栽品种，以利于异花授粉，提高坐果率。

7.3.3　栽植技术

（1）栽植时期。在秋季落叶后到第2年春季萌芽前都可以栽植。北方地区一般春季栽植；南方分冬季栽植与春季栽植。冬季栽植时间一般在11月底至12月中旬，这个时期的地温高于气温，对苗木根系的伤口愈合有利，此时定植的苗木翌春发芽早，成活率高。春季栽植，南方早于北方，一般在3月上旬前定植。

（2）栽植密度。栽植密度根据气候特点、架式、品种的生长特性、土壤肥沃程度、肥水条件而定。多雨地区、土壤肥沃地区、肥水条件优越地区，品种生长势旺盛者，应适度稀植。在埋土防寒地区，适当加大行距，缩小株距。篱架栽培的株行距为（1～2）m×（2～3.5）m，小棚架的株行距为（1.5～2.5）m×（4～6）m，大棚架的株行距为（1.5～2.5）m×（6～15）m。

（3）栽植方式。挖栽植沟或穴，沟（穴）宽0.6～1m，深0.6～1m，在土壤黏重的地区或在砾石山坡地注意适当加大栽植沟的宽度和深度。表土与底土分开堆放，并在底层填入切碎的玉米秸秆，回填时先将表土和足量腐熟有机肥、适量过磷酸钙混匀填入，底土撒开或做埂风化。填土要高出原来的地面，以防栽植灌水后土面下沉。

沟植法：排水通畅，土壤空气充足，葡萄生长发育快，但费工多。

穴植法：省工，但在南方地区雨水多的情况下，穴内易积水，致使葡萄生长不良，甚至死亡。

栽植时把苗扶直，使根颈比地表略高，再填满土，踩实。栽后及时浇水，水要浇透。为提高苗木成活率，种植后最好覆盖黑色地膜。

7.3.4　栽培架式

葡萄属于多年生蔓性植物，枝蔓生长迅速，细长而柔软，需要采用一定的架式来维持良好的树形，使枝叶能够在空间合理分布，确保通风和光照，保证果实的产量及品质。葡萄的架式一般可归纳为篱架、棚架和柱式架。

（1）篱架。又称立架，是最常用的传统架式。篱架又分为单篱架、双篱架和宽顶篱架（T形架）和Y形架。

①单篱架。又称单臂篱架，每行设1个架面，沿葡萄行的走向，在行内每隔5～8m立一根支柱，每行葡萄立一排支柱，其上拉3～4道同向的钢丝，最下面的钢丝距地面60～80cm，架高1.8～2m。行距可以保持2～2.5m，在寒冷地区，为了方便冬前埋土，可以加大行距到3m。温室栽培，为了提高棚室利用率，可以采用小行距的设计。优点是通风透光好，方便田间管理，可密植实现早期丰产，便于机械化栽培，适用于干旱地区，也适合生长势较弱的品种。缺点是长势过旺，枝叶密闭，结果部位上移；下部果穗距地面较近，管理不便，易污染和生病，不适合高档果生产。

②双篱架。又称双臂篱架，在葡萄树的两侧各支一行对称的两排单篱架立柱，相距70～80cm，上拉1～4道钢丝，架高约1.8m。将植株的枝蔓平分为两部分，枝蔓分别绑缚在两边架面上，类似V形。该架形土地利用率高，能够充分利用光能，单位面积的产量较高，但农事操作不方便，葡萄蔓的绑缚也不美观。

③T形架。又称宽顶篱架，行距2.5～3m，架高2m左右，是在单篱架的基础上，顶端加设一道横梁，宽约1m，在横梁两端各拉1道钢丝。篱架面上共拉2～3道钢丝，葡萄树单主蔓或双主蔓水平整枝，绑缚在篱架面最上1道钢丝上，结果枝分别绑缚在横梁两端的钢丝上，新梢自然下垂结果。这种架式通风透光好，产量高，病虫害较轻，果实品质好，树势缓和，稳产性能好，还可以避免果实发生日灼。适合生长势较强或中庸的品种。

④Y形架。架面呈Y形，是单干双臂篱架的改良架式，架高1.8～2m，全架分3段5道钢丝，第1道钢丝在篱架面上距地面80～120cm，从立柱第1道钢丝到架顶均匀架设2～5道长度为60～140cm的横梁，横梁两端拉钢丝，将葡萄树的1条或2条主蔓水平绑

缚在篱架第1道钢丝上，双龙干整枝，结果枝新梢分别倾斜绑缚在两边钢丝上。这种架式通风透光更好，提高了结果部位，减轻了果实病害和污染，适合密植，易获得丰产稳产，管理也方便。

（2）棚架。在立柱上设横梁或拉钢丝，架面与地面倾斜或平行，形似遮阴棚，故称为棚架。棚架葡萄树势中庸，生长和结果平衡，丰产稳产，商品果率高；架面高，植株下部通风透光好，病害发生较轻；根部占地面积很小，施肥、浇水简单省工。这种架式在南方葡萄产区应用较多，其整枝方式为各种龙干形整枝。不足之处是架面大，枝蔓管理和上下架不太方便。棚架又可分为大棚架、小棚架、篱棚架和屋脊式棚架。

①大棚架。在我国葡萄老产区和庭院葡萄栽培中应用较多，架长一般在7m以上。水平大棚架高1.8～2m，每隔4～5m设一支柱，顶部每隔50cm左右纵横拉钢丝成网格状。倾斜大棚架靠近植株的架根高1.5～1.8m，远端的架梢高2～2.5m，葡萄倾斜爬在架面上。这种架式适合生长势强的品种。由于枝蔓上下架不方便，因此不太适合北方冬季需埋土防寒的地区。

②小棚架。分为倾斜小棚架和水平小棚架，架长一般为3～5m，倾斜小棚架架根高1.2～1.5m，架梢高2～2.2m，每隔3～4m设1根架杆，其上每隔45～50cm横拉一道钢线。生长势强的品种，棚面的倾斜度可适当小一些；生长势较弱的品种，棚面倾斜度可适当大一些。倾斜小棚架配合鸭脖式独龙干树形，为埋土防寒区最常见的类型。

③篱棚架。棚架和篱架的结合体，相当于在单篱架外附加一个小棚架。优点是充分利用空间，操作管理比较容易，相比倾斜式小棚架节省架材的总投入。缺点是篱架面的通风透光性下降，下部枝叶荫蔽，易出现上强下弱的现象，下部果实品质稍差。这种架式用于保护地葡萄栽培，可最大限度利用温室空间与光照。

④屋脊式棚架。两行葡萄枝蔓顺着倾斜棚面对爬，架根高1.5～1.8m，架梢高2.5～3m，由两个倾斜式小棚架或大棚架架梢相对组成，形成屋脊式棚面，架面下通风透光差，管理不方便，现在生产

上一般不用。也可以把跨度和高度都适当增大或把架面做成拱形设在道路、走廊上方，现在的旅游观光葡萄长廊多采用此架式。

（3）柱式架。采用木棍或支柱给葡萄枝蔓以支持，使其能在离地面一定高度的空间内生长，不用钢丝，没有固定的架面。修剪形式：葡萄的干高1～1.5m，主干上保留4～5个结果母枝，新梢不加引缚，任其自然向四周下垂生长。当主干粗大到足以支撑其本身全部重量时（6～10年），可去掉支柱，成为无架栽培。该架式适合景观游览区，也可改造成盆栽果树，用于家庭绿化。

7.4 栽培管理技术

7.4.1 土肥水管理

7.4.1.1 土壤管理

葡萄树生命活动旺盛，需要充足的养分和良好的通气条件，因此需要改善土壤理化性状，活化土壤，增加团粒结构。主要有以下几种方法。

（1）深翻。一年至少两次，第一次在萌芽前，结合施用催芽肥，全园翻耕，深度15～20cm，既可使土壤疏松，增加土壤氧气含量，又可提高地温，促进发芽；第二次在秋季，结合秋施基肥，全园翻耕，尽可能深一点，注意这次深翻宜早不宜晚，应当在早霜来临前一个半月左右完成。

（2）树盘覆盖。可分为地膜覆盖和稻草覆盖（作物秸秆、麦秸、麦糠、玉米秸、干草等）。地膜在萌芽前半个月覆盖，最好通行覆盖，可显著改善土壤理化性状，促进发芽，使发芽提早而且整齐。生长期还可减少多种病害的发生，增加田间透光度，并促进着色及早熟，减少裂果。地面覆盖稻草，同样可以增加土壤疏松度，防止土壤板结。一般覆草时间在结果后，草厚度10～20cm，并用沟泥压草，干旱区要谨防鼠害及火灾发生。

（3）果园生草。一般在秋季或春季深翻后，撒播专用草种如白三叶，生长到一定高度后割草翻耕，可以改善土壤团粒结构，保墒保肥，提高果实品质。

（4）中耕。果园生长季需及时中耕松土，根据杂草发生和土壤板结情况，在整个生育周期进行5～8次中耕松土和除草。中耕的深度为5～15cm，多在雨后或灌水后进行。

7.4.1.2　施肥管理

（1）基肥。以有机肥料为主，同时加入适量的化肥。施用时期一般在葡萄根系第二次生长高峰前。基肥施用量根据当地土壤状况、树龄、结果多少等而定，一般果肥重量比为1：2，即每亩产量1 500kg需施入优质腐熟有机肥3 000kg。基肥多采用沟施和撒施。基肥应施在葡萄主要根系分布范围内，并以不损伤大根为原则。

（2）追肥。在生长期进行，以促进植株生长和果实发育为目的，一般用速效性肥料（尿素、硫酸铵、碳酸氢铵、磷酸二铵、人粪尿等）。葡萄追肥前期以氮肥为主（宜浅些），中后期以磷、钾肥为主（磷肥移动性差，宜深些）。除土壤追肥外，也可进行叶面追肥。尿素、磷酸二氢钾等常用浓度为0.3%～0.5%。

追肥一般在以下时期进行：萌芽前追肥（以速效性氮肥为主）；花前追肥（以氮、磷肥为主，如磷酸二铵）；花后追肥（以氮、磷肥为主）；幼果生长期追肥（宜氮、磷、钾肥配合施用）；果实生长后期即果实着色前追肥（以磷、钾肥为主）。

7.4.1.3　水分管理

一个丰产葡萄园在水分管理上应遵循以下几条原则：春季出土上架后至萌芽前灌水（催芽水，一次灌透）；开花前灌水（催花水）；开花期控水；浆果膨大期灌水（10～15d灌水一次）；浆果着色期控水；采收后灌水（采后水或秋肥水，与秋施基肥结合）；秋冬期灌水（防寒水或封冻水）。

目前生产上灌水主要采取漫灌法，即在葡萄地面灌水，每次灌水量以浸湿40cm土层为宜，因此灌水前要整理地面，修好地埂，防止跑水。现代化的滴灌、渗灌、微喷灌已在葡萄园应用，对提高产量和品质、节约用水起到良好作用，应大力推广应用。

葡萄园水分过多会出现涝害。防止葡萄园涝害的措施：低洼地不宜建园，已建的葡萄园要通过挖排水沟降低地下水位，抬高葡萄定植行地面；平地葡萄园必须修建排水系统，使园地的积水能在2d内排完；一旦雨量过大，自然排水无效，引起地表大量积水，要立即用抽水机械将园内积水排出。

7.4.2 整形修剪

葡萄整形修剪技术是葡萄生产中的重要环节之一。栽植初期进行整形修剪，可使葡萄尽快上架，早成形、早结果。葡萄成形后进行修剪，可调节葡萄营养生长与生殖生长之间的平衡，减少树体营养消耗，改善通风透光条件，控制负载量，减少病虫害发生，使葡萄向有利于植株生长和提高果实品质的方向发展，达到丰产、稳产、优质栽培的目的。

具体整形修剪技术见7.2.3.2。

7.4.3 花果管理

葡萄花果管理技术主要包括提高坐果率；疏穗、疏粒、定产量；促进果实着色和成熟等，详见7.2.3.3。

7.4.4 病虫害防控

我国大部分葡萄产区都处在东亚季风区，夏季炎热多雨，病虫害较多，危害严重。具体病虫害防控技术见7.2.3.5。

7.5 温室葡萄栽培要点

7.5.1 栽培管理

7.5.1.1 栽植管理

株行距0.8m×1.3m，沿定植行挖宽、深各60cm的栽植沟，按每亩施入5 000kg优质厩肥的标准，将土与厩肥掺匀后填入定植沟，并浇水使回填土下沉踏实。定植时，先将容器大苗放入穴内，撕掉钵袋，注意不要散坨，封土高于苗木原土痕1～2cm，浇水踏实后使其与地面相平。在8月底前追施尿素2～3次，每次每株追施50～100g，也可结合防病喷药，并用0.3%尿素进行多次根外追肥。另外，每隔15d用0.3%磷酸二氢钾液喷打叶面1次。追肥时，要视墒情适时适量浇水。进入9月要控水（不旱不浇）蹲苗，并每亩秋施基肥5 000kg，促使枝蔓成熟，芽体饱满。

7.5.1.2 提早解除休眠

秋季，当外界气温降到18～12℃时，为满足葡萄休眠的需冷总量（7.2℃以下，需要800h左右），保证在温室栽培条件下发芽整齐，出穗坐果正常，必须提前进行扣棚降温处理。即于11月上旬扣棚，白天盖严棚膜和草苫并打开棚门通风，使室内气温保持在7.2℃以下，持续20～30d。解除休眠后，于12月上旬开始升温，催芽萌发。

7.5.1.3 萌芽前后及新梢生长期管理

升温前，要先清园，浇1次透水，深锄后整平地面，喷1次70%多硫化钡可溶粉剂100倍液（地面与树体均喷），铲除越冬病原；升温后，在独蔓上自上而下每隔10～15cm选一饱满芽用石灰氮5倍液涂芽，以利于冬芽萌发；待冬芽膨大裂口时，对树体和地面再喷70%多硫化钡可溶粉剂100倍液或3～5波美度石硫合剂，杀灭残余病虫，随后覆盖地膜。萌芽后，及时抹去双芽或多芽中的弱芽、畸形芽及多余隐芽；当能辨认新梢强弱和有无花序及大小时，抹去无花序嫩梢及过旺的徒长梢；新梢长至10cm时按产定梢，即每亩计划产量1 500kg时，每棚（333.5m²）株行距0.8m×1.3m的1年生树共304株，每株留果枝10个。自主干（独龙干圆柱形）距地面30cm以上开始，每隔10～15cm，螺旋式向上留1个结果枝，多余的应及时去除。出现花序前除顶端1个副梢反复留2～3片叶摘心外，其余副梢一律留叶绝后处理，每一结果枝留叶12～14片；小叶品种出现花序前留8～12片叶摘心，副梢如前处理，每一结果枝留叶16～20片。以后随着果穗发育增大，果枝自然下垂，不会再长副梢。

7.5.1.4 生长期管理

每生产 1 000kg 果实，所需养分的吸收量为氮 10kg、磷 4kg、钾 10kg。浇水应与施肥结合进行，最好采用滴灌，无滴灌条件的应在地膜下实行小流径地表漫灌，以防室内温度过高。

7.5.1.5 光、温、湿、气管理

每天揭苫后，清扫棚面，以利于透光。合理减少盖苫时间，雪天不揭苫，雪后应立即扫雪并拉起部分草苫，以免晴后增光增温过猛，有条件的应设置增光设施。CO_2 是葡萄光合作用必不可少的原料，室温内的 CO_2 浓度夜间高，日出后显著降低，仅为露地的 $1/4 \sim 1/3$。适当增加 CO_2 浓度可使葡萄增产 $10\% \sim 30\%$。在晴天或多云天气日出后 $1 \sim 2h$，按每 $42m^2$ 吊放一塑料桶，每天每桶放入碳酸氢铵 25g，加入稀硫酸（硫酸：水 = 1：3）625g，反应后释放的 CO_2 即可满足葡萄的光合作用要求。

7.5.2 整枝修剪

采用单臂篱独龙干圆柱形整形。定植后每株选留 1 个生长势强壮的新枝作为主蔓，当新梢长至 $20 \sim 30cm$ 时，将其绑在立架上，以后每生长 $30 \sim 40cm$ 绑 1 次。及时摘除卷须，促其直立生长。当幼树长至 80cm 时，将所有副梢留一叶绝后摘心；主梢不摘心，用多效唑 300 倍液喷打 1 次，抑制其加长生长，促其主蔓增粗和芽体发育。待幼树长到 $1.3 \sim 1.5m$ 时进行第一次主梢摘心，顶端最上一个副梢留 $2 \sim 3$ 片叶摘心，其余副梢仍按上述摘心法处理。进入 9 月，每 15d 用多效唑 $200 \sim 300$ 倍液喷打 1 次，控制树高在 2m 以下，以利于枝蔓增粗、成熟，促进芽体发育。落叶后冬剪，主蔓留 1.5m 左右剪除上端枝段即成。

7.5.3 花果管理

开花前 1 周，按壮旺结果枝留 2 穗，中庸果枝留 1 穗，弱枝不留穗的原则疏穗。所留果穗均在花前 5d 掐去主穗长度 $1/5 \sim 1/4$ 的穗尖，并去除散生副穗，确保穗形美观。开花期用 0.3% 硼酸（或硼

砂)+0.3%磷酸二氢钾+0.3%蔗糖混合液喷打果穗1～2次,可提高坐果率。花后2～4周,及时疏去小粒、畸形粒及过多过密的果粒,并在果穗下环割,促其膨大,以提高品质,增加产量,有条件的最好将果实套袋。花后2～4周喷1次着色膨大素,着色期喷1次着色膨大素+增糖剂(重点喷果穗)。

▌7.5.4　果实采收及撤棚后的管理

　　温室葡萄病害较少,但在果实采收、棚膜撤除后,还有近5个月的生长发育时间,若放松管理,就会直接影响来年的产量和质量。首先,在采果后要进行夏季修剪,将上部过多的副梢和枝蔓疏除,并去掉下部老化无效的叶片,以利于通风透光;棚膜在雨天放下遮雨,无雨天应卷起。6月下旬、7月下旬和8月下旬每亩各追施复合肥20～30kg。9月,每亩施优质圈粪5 000kg。视枝梢生长情况及时抹除中下部副梢,上部留1副梢,反复留1～2片叶摘心,每隔20～30d喷1次500～1 000mg/L多效唑生长抑制剂;每隔15～20d,用多量式波尔多液或瑞毒霉、乙膦铝等杀菌剂交换喷打1次,虫害发生时加入蛾螨灵或阿维菌素防治。

第8章

桃容器大苗培育及高效建园关键技术

8.1　主要栽培品种

黄金蜜桃7号

品种来源>>中国农业科学院郑州果树研究所选育而成。

果肉颜色>>黄色

单果重>>150～265g

可溶性固形物>>13%～16%

特征特性>>早熟。果实圆形、端正，底色黄，非套袋果成熟后果面着少许红色，套袋果果面为金黄色。风味浓甜，品质优，肉质较硬，留树时间及货架期长，耐运输。粘核。有花粉，丰产（图8-1）。

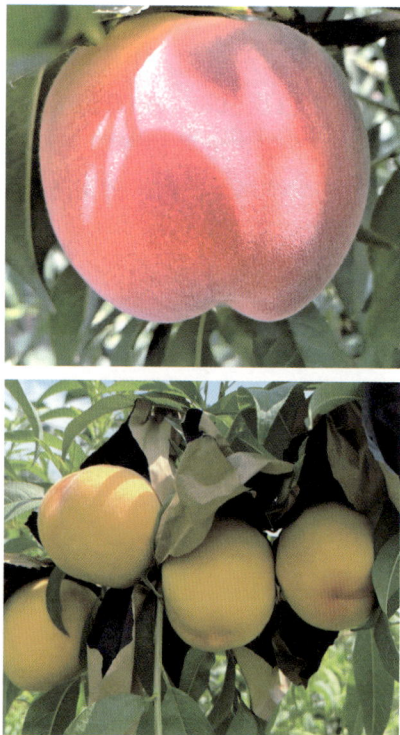

图8-1　黄金蜜桃7号

春美

品种来源 >> 中国农业科学院郑州果树研究所选育而成。

果肉颜色 >> 白色

单果重 >> 平均192g，大果250g以上

可溶性固形物 >> 12%～14%

特征特性 >> 果实近圆形，果皮底色乳白，成熟后多数果面着鲜红色，较美观；肉质细，溶质，风味甜，品质优。核硬，不裂果。有花粉，自花结实力强，极丰产。果实硬度中等，较耐储运（图8-2）。

图8-2　春美

霞脆

品种来源 >> 江苏省农业科学院园艺研究所选育而成。

果肉颜色 >> 白色

单果重 >> 平均165g，最大300g

可溶性固形物 >> 11%～13%

特征特性 >> 早中熟。果实近圆形，果顶平，缝合线两侧较对称。果皮乳白色，着色较好，腹部有少量锈条纹，果皮不能剥离。果肉无红色素，肉质细、致密，汁液中等，风味甜。粘核。花粉多，自花结实率高，丰产性好。耐储性好，常温下可存放1周以上（图8-3）。

图8-3　霞脆

中油4号

品种来源>> 中国农业科学院郑州果树研究所选育而成。

果肉颜色>> 橘黄色

单果重>> 平均148g，最大206g

可溶性固形物>> 14%～16%

特征特性>> 早熟。果实短椭圆形，果顶圆，偶有突尖，缝合线浅。果皮底色黄，全面着鲜红色，艳丽美观，果皮难剥离。硬溶质，肉质较细，风味浓甜，香气浓郁，品质优。粘核。花粉多，坐果率极高，极丰产（图8-4）。

图8-4　中油4号

早露蟠桃

品种来源>> 北京市农林科学院林业果树研究所选育而成。

果肉颜色>> 乳白色

单果重>> 平均85g，最大124g

可溶性固形物>> 9%～11%

特征特性>> 早熟蟠桃。果形扁平，果顶凹入，缝合线浅。果皮黄白色，具玫瑰红晕，茸毛中等，果皮易剥离。近核处微红，柔软多汁，味浓甜，有香气，品质优良。粘核。花粉量多，极丰产（图8-5）。

图8-5　早露蟠桃

中油蟠9号

品种来源>>中国农业科学院郑州果树研究所选育而成。

果肉颜色>>黄色

单果重>>平均200g，大果350g

可溶性固形物>>15%

特征特性>>中熟油蟠桃。大果型，果形扁平，硬溶质，肉质致密，风味浓甜，品质上等。粘核。丰产，耐储运（图8-6）。

图8-6　中油蟠9号

8.2 桃容器大苗培育

8.2.1 育苗容器与基质

容器的选择与填充详见第2章。对于桃树容器大苗，推荐使用硬质型容器，如聚氯乙烯控根容器、聚乙烯塑料袋或塑料盆，这些容器具有良好的保水性和耐用性。容器规格：根据桃树根系的特点，容器底面直径和高度一般选择40～50cm，以确保根系有足够的生长空间。

基质是桃控根容器育苗中提供养分和水分的重要载体。基质的配制应满足材料来源容易、经济实用、不带土壤病虫害、符合种苗生产要求等条件。基质一般选用有机肥、有机质和颗粒物三大类物质，按一定比例混合而成。常见的有机肥包括猪粪、牛粪、鸡粪等，有机质包括锯末、松针、腐叶土等，颗粒物包括珍珠岩、蛭石等。基质应具有良好的透气性和保水性。可将有机质、有机肥、颗粒物按1：1：1混合，再加入适量的园土以增强基质的团粒性结构和保肥保水性。

8.2.2 苗木选择

选择品种纯正、苗木粗壮、根系发达、无病虫害的2年生桃嫁接苗定植于容器中，进行培育。将苗木栽入容器内时，保证苗木根系舒展，用土压实。二年生桃苗木质量要求参见表8-1。

8.2.3 苗木管理

8.2.3.1 肥水管理技术

（1）施肥管理。桃幼树时期的施肥管理至关重要，管理得当可以促进根系发育和提高抗逆性。春季施肥在芽萌动前（通常在3～4月）进行。夏季施肥在生长旺盛期（通常在6～7月）进行。秋季施肥在落叶前（通常在9～10月）进行。

表8-1 二年生桃苗木质量要求

（引自 GB 19175—2010）

项目	级别	
	一级	二级
品种与砧木纯度（%）	≥95	
根		
侧根数量（条）		
实生砧		
普通桃、新疆桃、光核桃	≥5	≥4
山桃、甘肃桃	≥4	≥3
营养砧	≥4	≥3
侧根粗度（cm）	≥0.5	≥0.4
侧根长度（cm）	≥20	
侧根分布	均匀，舒展而不卷曲	
病虫害	无根癌病、根结线虫病和根腐病	
砧段长度（cm）	10～15	
苗木高度（cm）	≥100	≥90
苗木粗度（cm）	≥1.5	≥1
茎倾斜度（°）	≤15	
根皮与茎皮	无干缩皱皮和新损伤处，老损伤处总面积≤1.0cm²	
枝干病虫害	无介壳虫和流胶病	
芽		
整形带内饱满叶芽数（个）	≥10	≥8
接合部愈合程度	愈合良好	
砧桩处理与愈合程度	砧桩剪除，剪口环状愈合或完全愈合	

基肥：主要在春季施用，以促进根系生长。基肥以有机肥为主，化肥为辅。有机肥如腐熟的农家肥、堆肥等，含有丰富的养分，可促进土壤微生物繁殖与活动。化肥以氮、磷、钾肥为主，具体比例建议为1∶1∶1或2∶1∶1。每株施用5～10kg腐熟农家肥。施肥时在树冠下方挖一个宽约30cm、深约20cm的沟，将肥料均匀施入，

覆土后浇水。

追肥：在夏季和秋季进行，以促进枝叶生长和果实发育。氮肥选择尿素或硫酸铵，每株施用50～100g，最好在春季和夏季生长旺盛时分两次施用；磷、钾肥如过磷酸钙和氯化钾，每株各施用30～50g；施肥时注意观察树苗，根据树苗的生长情况调整施肥量，避免过量施肥。如果条件允许，定期进行土壤测试，以了解土壤养分情况，从而更精准施肥。施肥后要及时浇水，帮助肥料溶解和根系吸收。

（2）水分管理。桃幼树时期的水分管理非常关键，管理得当能够促进根系生长、提高树势和抗逆性。新栽的幼树应立即浇透水，帮助根系与土壤紧密结合。在春季发芽期要保持土壤湿润，避免干旱。干旱时应增加浇水频率，通常每7～10d浇水一次，如夏季遇炎热天气应每天浇水。雨季要注意排水，防止积水导致根系腐烂。每次浇水应根据土壤湿度而定，确保水分渗透到根系深处。在树盘周围适量覆盖有机物（如稻草、干草等），可减少水分蒸发，保持土壤湿润。通过施加有机肥来改善土壤结构，增强土壤的保水能力。可使用土壤湿度计定期检查土壤湿度，及时调整浇水计划。要避免浇水过多导致积水而影响根系健康。随着季节变化，调整浇水频率和浇水量。

8.2.3.2 整形修剪技术

桃树几种常见树形的培养技巧如下。

（1）Y形。

①树体结构。Y形整形修剪技术适于露地密植和保护地栽培，容易培养，早期丰产性强，光照条件较好。树高2.5m，干高40～60cm。全树只有两个主枝，向行间伸展，并配置在相反的位置上。在距地面1m处培养第一侧枝，第二侧枝在距第一侧枝40～60cm处培养，方向与第一侧枝相反。两主枝的角度是45°，侧枝与主枝的夹角保持约60°。在主枝和侧枝上配置结果枝组和结果枝。

②培养技巧。芽苗定植后，在新梢长35～40cm时进行摘心，促发副梢，然后再选留2个长势健壮、着生匀称、延伸方向适宜的副梢作为预备主枝，任其自由生长。通过拉枝等措施，使主枝的角

度保持40°～50°，其余副梢通过扭梢等措施进行控制，以保持主枝的生长优势。冬季修剪时，2个主枝留60cm短截，将其余大枝疏除。

如果定植成苗，第1年缓苗后定干高度为40～50cm。新梢长30～40cm时，选留2个生长健壮、延伸方向适宜的新梢作为主枝，疏去竞争枝，留2～3个辅养枝，控制生长。主枝背上的直立或斜上生长的副梢一般不保留，其他新梢的长势，也应控制，不能超过主枝。冬季修剪时，2个主枝延长头留60cm短截，其余枝条去强留弱，去直留斜，并尽量保留小枝，保持主枝角度和生长优势。

第2年春季萌芽后，及时抹去主枝背上的双生枝和过密枝，保留剪口下第1芽作为主枝延长枝，当延长枝长40～50cm时进行摘心，促发副梢。副梢萌发后，直立的及时疏除，斜生的留20～30cm扭梢，剪口下第2、3芽所萌发的新梢，供培养大、中型枝组用；直立和密集副梢，应及时疏除，其他副梢在长25～30cm时摘心。除剪口下第1、2、3芽所萌发的新梢外，其余新梢直立的疏除，侧生的摘心，促其形成花芽。冬季修剪时，主枝延长枝留50～60cm短截，第1芽留外芽，也可留侧芽，第2、3芽留侧芽，以备培养大、中型结果枝组，其余枝条尽可能缓放，疏除多余的发育枝。大、中型结果枝组的延长枝，留30～40cm短截，疏去直立枝，缓放侧生、斜生新梢，疏去密生枝及双生枝。

第3年，树体骨架基本形成。修剪时仍应注意冬剪和夏剪结合，以促进早期丰产。春季发芽后，新梢长5～6cm时，及时抹去双芽枝和密生枝。5～6月，疏除过多新梢，使同侧新梢基部保持20cm左右的间距。树冠上部的主枝和大、中型枝组的延长枝及侧生枝，应及时摘心。斜生枝、侧生枝，应控制旺长，培养枝组。对树冠中、下部的新梢，在30～40cm长时摘心，促其成花。直立徒长枝应及时疏除，其余新梢缓放生长。冬季修剪时，树冠上部的主枝延长头，留50～60cm短截，大、中型枝组可利用徒长性结果枝或长果枝作为延长枝。

（2）主干形。

①树体结构。主干形整形修剪技术适合保护地栽培和露地高密

栽培。但由于光照好，树形的维持和控制难度较大，因此需要及时调整上部大型结果枝组与下部结果枝组的生长势，切忌上强下弱。无花粉、产量低的品种不适合培养主干形。保持树高2.5～3m，干高50cm。有中心干，其上均匀排列着生8～10个大型结果枝组，间距为30cm，主枝角度为70°～80°。大型结果枝组上直接着生小枝组和结果枝。

②培养技巧。第1年缓苗后不定干，充分利用桃幼树生长旺盛容易发生二次梢的特性，选留主枝或临时结果枝。当中心干延长枝长到50cm时，为了使中心干生长顺直健壮，每株树支一竹竿，将中心干及延长枝绑缚其上，让其顺直生长。距地面30cm以下萌蘖要及时疏除。5月下旬，多数二次梢已长至30～40cm，此时摘心1次，培养主枝或枝组。7月以前可摘心2次，以后不摘心，配合拉枝、拿枝、扭枝等，调整枝角和方位，并使结果枝分布均匀。8月下旬至9月下旬，根据树冠枝叶稠密状况进行秋剪，疏细弱枝、密生枝，缩疏直立强旺枝、徒长枝，保证留下的新梢通风透光。为了控制旺长和促进成花，结合防治病虫害，于5月下旬、7月上旬各喷1遍15%多效唑150～200倍液＋0.4%磷酸二氢钾。主干形桃树冬季实行长枝修剪，疏除病虫枝、竞争枝和背上旺枝，对中心干不短截，夏剪时已选留的主枝，如果生长势适宜，缓放不动；疏除或重截（留基部2芽）无花枝，对于果枝一律甩放不剪，留其结果。

第2年3月中下旬，即桃树萌芽前后，对中心干中上部需发枝处进行刻芽，促发分枝。注意选留方位适宜的新梢培养主枝，用撑、拉的方法调整主枝角度为80°左右。6月中下旬，即麦收后，对新梢少摘心、轻摘心，用扭梢、揉枝法控制新梢生长势。8～9月疏除竞争枝、徒长枝、背上旺枝和过密枝。冬季以疏为主，采用长枝修剪。主枝上不留侧枝和大型枝组，让其单轴延伸，结果枝及结果枝组直接着生在主枝上，枝组间距15～20cm，两侧多，背后少，背上小，互不干扰。结果枝不超过50cm时，一般长放不截，果实多结在果枝的中下部，结果后枝条下垂，背上冒出壮枝，冬剪时回缩更新。

从第3年起，主干形桃树开始进入结果期，修剪还是以疏枝为主，疏除竞争枝、强旺枝、过密枝，令主枝、中心干单轴延伸，控制上强，保持上稀下密，主枝与主干、枝组与主枝的粗度比分别控制在1：（3～4）和1：（4～5）。主枝、枝组过粗时，疏去其上分枝或加大枝角，削弱其长势。中、长果枝甩放结果后，利用基部抽生的新中、长果枝结果。

8.2.3.3　花果管理技术

（1）疏花与疏果。桃树一般结实率很高，即使无花粉或少花粉的品种，在合理配置授粉树的条件下，坐果数也会远远超出生产的需要，因此要生产优质商品果就必须进行疏花疏果。疏花疏果的方法有人工疏花疏果、化学疏花疏果和机械疏花疏果3种，化学和机械疏花疏果在技术上还有待完善。目前及今后一定时期内，我国桃树生产仍将以人工疏花疏果为主。

疏花在蕾期至盛花期进行，疏果在生理落果开始后至硬核期进行。不同品种按成熟早晚，先疏早熟品种，再疏中熟品种，最后疏晚熟和极晚熟品种。早熟品种先疏有利于果实生长发育，极晚熟品种最后疏可以有效防止新梢旺长。疏果工作量大、劳动力紧张时，疏花疏果可分3次进行，即疏花、疏果、定果。

（2）套袋。套袋的主要作用如下：①防止病虫对中、晚熟品种果实进行危害；②有效降低农药残留，生产优质绿色果品；③使果面更干净，着色更均匀，色泽更鲜艳，果实的商品性更好，销售价格更高。此外，套袋可以防止果肉形成红色素，是生产优质桃罐头原料的重要措施。

套袋在定果之后开始，到主要蛀果害虫发生之前完成。套袋前应周到细致地喷洒一遍杀虫剂和杀菌剂。纸袋可到市场上采购桃树专用袋或直接到厂家定做。鲜食果应在采收前3～5d将袋摘掉以促进上色，日照差的地方或不易上色的品种要适当提早摘袋时间。罐藏桃采前不必撕袋。

（3）采收。桃果实不耐储运，必须根据运输与销售的需要适时采收。目前生产上将桃的成熟度分为以下4种：

①七成熟。底色绿，果实充分发育。果面基本平展无坑洼，中、

晚熟品种在缝合线附近有少量坑洼痕迹，果面茸毛较厚。

②八成熟。绿色开始减褪，呈淡绿色，俗称发白。果面丰满，毛茸减少，果肉稍硬。有色品种阳面有少量着色。

③九成熟。绿色大部分褪尽，呈现品种本身固有的底色，如白、乳白、橙黄等。毛茸少，果肉稍有弹性，芳香，表现品种风味特性。有色品种大面积着色。

④十成熟。果实毛茸易脱落，无残留绿色。软溶质桃果肉柔软多汁，硬质桃果肉开始变面，不溶质桃果肉呈现较大弹性。

一般就近销售在八至九成熟时采收，远距离销售于七至八成熟时采收。硬质桃、不溶质桃可适当晚采，溶质桃尤其是软溶质桃必须适当早采。加工用桃应根据具体加工要求适时采收。采收桃果时必须极其仔细。用手掌握全果轻轻掰下，切不可用手指压捏果实。全树果实成熟度不一致时，要分期分批采摘。盛果篮和篓要用有弹性的麻布或蒲包衬垫，防止刺伤果实。

8.2.3.4 病虫害防控技术

（1）桃主要病害及防治。

①桃细菌性穿孔病。遍布全国各地桃产区。该病由细菌引起，主要危害叶片、果实和新梢。叶片初发病时为水渍状病斑（图8-7）。桃树开花前后，病菌从病组织中溢出，借风雨或昆虫传播。叶片一般于5月发病，高温多湿有利于病菌侵染，病势加重。树势弱、排水不良或氮肥偏多的果园或多雨年份发病严重。

图8-7　桃细菌性穿孔病

防治方法：切忌在地下水位高的地块或低洼地块建立桃园。加强桃园综合管理，少施氮肥，防止徒长；合理修剪改善通风透光条件，适时适度夏剪，剪除病梢，集中烧毁；冬季认真做好清园工作。发芽前喷4～5波美度石硫合剂，幼果期选用65%代森锌可湿性粉剂600倍液防治。

②桃疮痂病。又称桃黑星病，主要危害果实，也侵害新梢和叶片。果实上的病斑初为绿色水渍状，扩大后变为黑绿色，近圆形。果实成熟时，病斑变为紫色或暗褐色，病斑只限于果皮，不深入果肉，后期病斑木栓化，并龟裂。枝梢受害后，病斑呈长圆形，浅褐色，以后变为灰褐色至褐色，周围暗褐色至紫褐色，有隆起，常发生流胶。

防治方法：冬季修剪时，彻底清除树上和地上的病枝、枯死枝、落果和落叶，并集中烧毁或深埋；生长季节适时清除树上的病果、病叶、病枝梢。桃树发芽前10d，用5波美度石硫合剂或45%石硫合剂晶体30倍液喷雾，以消灭越冬菌源。桃树落花后15d是防治关键期，可用50%苯菌灵可湿性粉剂1 400～1 600倍液，或70%甲基硫菌灵可湿性粉剂1 000倍液，或50%硫菌灵可湿性粉剂600倍液等药剂交替喷雾，每隔15d喷1次，共喷3～4次。

③桃炭疽病。落花后染病，果面上产生褐绿色水渍状病斑，以后病斑扩大凹陷，并产生粉红色黏质的孢子团，幼果上的病斑顺果面增大并达到果梗，其后深入果枝及果肉，出现褐色病斑，逐渐变黑，形成黑疗，严重影响果实品质。

防治方法：加强栽培管理，多施有机肥和磷、钾肥。用40%苯醚甲环唑悬浮剂4 000倍液加45%咪鲜胺水乳剂2 000倍液防治。

④桃树流胶病。是枝干重要病害，有侵染性和非侵染性两种。

侵染性流胶病主要危害枝干，也侵染果实。病菌侵入桃树当年生新梢，新梢上产生以皮孔为中心的疣状突起病斑，疣状表面不光滑，初期不流胶。翌年5月，疣皮开裂溢出胶状液，为无色半透明黏质物，后变为茶褐色硬块（图8-8），病部凹陷成圆形或不规则斑块，其上散生小黑点（分生孢子器）。多年生枝干感病，会产生水泡状隆起，病部均可渗出褐色胶液，严重时可导致枝干枯死。桃果感病发生褐色腐烂，其上密生小粒点，潮湿时流出白色块（胶）状物。

非侵染性流胶病主要发生在主干和大枝上，严重时小枝也可发病。发病症状与侵染性流胶病类似。

图8-8 桃树流胶病

防治方法：合理修剪，合理负载，保持稳定的树势；雨季做好排水工作，降低桃园湿度；适时夏剪，改善通风透光条件；减少病虫伤口和机械伤口；冬季清园，集中烧毁，减少菌源。发芽前，树体上喷5波美度石硫合剂；3月下旬至4月中旬，可结合防治其他病害，喷甲基硫菌灵或多效灵等进行预防；芽膨大期前喷一次4～5波美度石硫合剂，生长期从4月展叶开始喷50%多菌灵可湿性粉剂1 000倍液，半个月一次，喷4次。

⑤桃根癌病。该病主要危害桃树的根部，有时也可危害根颈部。受害部位先形成灰白色的瘤状物，质嫩，瘤不断长大，变成褐色，木质化，质地干枯坚硬，表面不规则，粗糙有裂纹。

防治方法：在未萌芽前将嫁接口以下部位用1%硫酸铜浸5min，再放入2%石灰水中浸1min。在小苗的根上发现根癌病后，可用剪刀剪掉发病部位的病瘤，用硫酸铜100倍液消毒切口，再外涂波尔多液保护。剪下的病瘤集中烧毁，病株周围的土壤用硫酸铜100倍液消毒。

（2）桃主要虫害及防治。

①桃蚜。俗称腻虫，也是病毒病的传播媒介。桃蚜生活周期短，繁殖量大，一般一年发生20多代。除了刺吸植物体内的汁液，还可以分泌蜜露，引起煤污病。以卵在桃树上越冬，翌年早春桃芽萌发至开花期，卵开始孵化，群集在嫩芽上吸食汁液（图8-9）。

防治方法：在桃园内悬挂黄色粘虫板，诱杀有翅蚜；结合冬季修剪，疏除秋梢，短截春梢，降低越冬虫卵基数。桃芽萌动期，枝干喷95%矿物油200～300倍液，或25%高效氯氰菊酯·噻虫胺悬浮剂2 500倍液，或20%氰戊菊酯乳油3 000倍液，消灭初孵若蚜，兼治介壳虫、红蜘蛛。桃树大蕾期至5%花芽开放时及落花

图8-9　桃蚜

后，可用12.5%溴氰菊酯·噻虫嗪悬浮剂2 000倍液，或50%氟啶虫胺腈水分散粒剂10 000倍液，或75%螺虫·吡蚜酮水分散粒剂4 000倍液防治。

②螨类。一年繁育4～6代，以雌成虫在树干粗皮缝隙和树干附近的土内、枯叶上、杂草中越冬。4月上旬桃花盛开末期出蛰，危害新生的幼嫩组织（图8-10）。螨类出蛰和第一代发生比较整齐（第一代孵化盛期为5月25日后）。

防治方法：桃芽萌动期，枝干喷95%矿物油200～300倍液，或25%高效氯氰菊酯·噻虫胺悬浮剂2 500倍液，或20%氰戊菊酯乳油3 000倍液。

图8-10　螨类

③桃潜叶蛾。以幼虫潜入桃叶危害，在叶组织内串食叶肉，造成弯曲的隧道，被害处表皮发白（图8-11），严重时叶片枯黄。

防治方法：果园内设置性诱剂诱杀成虫。该虫防治的关键为一、二代幼虫。桃芽萌动期喷施5波美度石硫合剂，桃树春梢展叶期喷洒55%氯氰·毒死蜱乳油

图8-11　桃潜叶蛾危害状

1 500～2 000倍液；5月下旬出蛾高峰期喷洒25%灭幼脲悬浮剂15 000倍液；8月中下旬虫卵叶率超过5%时，喷24%氰氟虫腙悬浮剂1 000倍液。

④桃球坚蚧。是桃普遍发生的一种害虫。雌虫介壳近球形，红褐色或黑褐色。虫体在枝条上吸取寄主汁液。密度大时，可见枝条上介壳累累（图8-12）。使树体衰弱，产量受到严重影响。每年发生1代。

图8-12　桃球坚蚧

防治方法：发芽前喷3～5波美度石硫合剂，或者在孵化初期用48%毒死蜱乳油1 500倍喷雾。

⑤桃红颈天牛。体黑色发亮，前胸背面大部分为光亮的棕红色或完全黑色（图8-13）。该虫2年发生1代，以幼虫在树干蛀道越冬，翌年3～4月恢复活动，在皮层下和木质部钻蛀不规则隧道，并向蛀孔外排出大量红褐色粪便碎屑。

图8-13　桃红颈天牛

防治方法：涂白树干，4～5月即成虫羽化之前，在树干和主枝上刷涂白剂。9月前孵化出的桃红颈天牛幼虫即在树皮下蛀食，此时可在主干与主枝上寻找细小的红褐色虫粪，一旦发现虫粪，即用锋利的小刀划开树皮将幼虫杀死。6～7月成虫发生盛期和幼虫刚孵化期，在树体上喷洒50%杀螟硫磷乳油1 000倍液或10%吡虫啉可湿性粉剂2 000倍液，每7～10d喷1次。

⑥桃蛀螟。在全国各地每年发生代数不一，北方2～3代。以幼虫钻蛀果实危害。被害果多变色脱落或果内充满虫粪而不能食用

（图8-14）。主要以老熟幼虫在树干中、僵果内、树枝杈处、裂缝处、树洞中、朽木中、翘皮下以及筐缝处、杂物内、乱石缝隙处越冬。

防治方法：果树生长期间，随时摘除虫果、安装黑光灯、果实套袋均可有效降低桃蛀螟危害。在果园周围分期分批种植向日葵，

图8-14 桃蛀螟危害状

诱集成虫产卵，待幼虫老熟前，集中处理，可有效降低虫口基数。进行化学防治，于各代桃蛀螟成虫产卵盛期及幼虫初孵期，用2.5%高效氯氟氰菊酯水乳剂1 000～2 000倍液，或3.2%甲维·氯氰微乳剂1 000～1 500倍液，或1.8%阿维菌素乳油5 000倍液喷雾处理。也可用辛硫磷、溴氰菊酯、氰戊菊酯、甲维盐、氯虫苯甲酰胺等药剂按照推荐浓度均匀喷布，杀灭初孵幼虫。

8.3 桃容器大苗高效建园关键技术

8.3.1 园地选择

桃在各种质地结构的土壤上均能生长，关键是土壤的通透性要好。土质疏松、排水通畅的沙质壤土最为理想。黏重土壤可通过增施有机肥或压绿肥等措施改良土壤结构，提高土壤的通气性。南方地下水位高、降水量大的地区，要设计开挖排水渠道，降低地下水位，及时排除土壤中多余的水分，防止涝害和土壤长期过湿，同时采用高垄栽培，尽量使根际土壤保持较好的通透性。桃在微酸性和微碱性土壤上都可栽培，但盐碱性过大的土壤应先改良。桃喜光，建园应选择阳光充足的地块。桃抗风力弱，应选择少有大风侵袭的地段。此外，应避免在灾害发生频率较高的地区建园。桃树在重茬地上生长发育不良，应尽量避免在老旧桃园重新种植。

8.3.2 栽植技术

（1）品种选择。选择品种要遵循以下原则：生态适应性原则、地域优势原则、目标市场原则和低成本高效益原则。

（2）品种搭配。桃果实的采收上市期很长，生长季长的地区可达6～7个月。但同一地区同一品种的采收期却很短。桃果实采收销售对成熟度要求较严格，一旦达到采收成熟度就应尽快采收并上市销售。采收过早，产量低、品质差；采收稍晚，硬度显著降低，储运性能下降，货架期明显缩短，有些品种还会出现严重的采前落果现象。因此，建园时要根据果园面积的大小以及采收和销售能力来确定主栽品种的数量和规模。面积小时，品种要少，成熟期要相对集中，以便于销售商采购；面积大时，品种可多些，成熟期要尽量拉长。

（3）栽植密度与方式。近20年来，国内新建桃园的栽植密度越来越大。从20世纪80年代的300株/hm^{2}左右，增加到近年的1 500株/hm^{2}左右，有的甚至在6 000株/hm^{2}以上。事实上，并非密度越大越好，生产者应根据自身的投资能力和技术水平来确定桃园的栽植密度。投资能力低的可选用555～832株/hm^2，株行距3m×6m或2m×6m；资金充足但未掌握树体控制技术的可选用832～1 665株/hm^2，株行距（1～2）m×6m；资金、技术条件都具备的可选用2 498株/hm^2，株行距1m×4m，或3 330～4 995株/hm^2，株行距1m×（2～3）m。

8.4　栽培管理技术

8.4.1　土肥水管理

8.4.1.1　土壤管理

果园土壤管理方法有清耕、生草、覆盖和免耕四种。土壤管理方法对果园的水土保持、土壤结构、土壤肥力状况、土壤环境、果园小气候以及果树的生长发育状况都具有重要影响。桃园土壤管理的主要任务是有效控制杂草的高度，防止草害的发生。具体到生草法管理的桃园，一种是人工种草，另一种是自然生草，无论哪种方法，都要在一个生长季内割草数次，始终将草的高度控制在30cm以下。割下来的草可以直接覆盖在树盘内，也可用来饲养家畜，再将家畜粪便施入果园。

8.4.1.2　施肥管理

施肥的时期、种类与数量因树龄、树势、品种、产量、气候、土壤肥力状况以及肥料性质、有效成分含量而异。按有机农业和绿色食品生产的要求，桃园基肥要以有机肥为主。在秋施基肥的基础上，根据桃树的树龄和各物候期生长发育对养分的需要特点，确定追肥的时期、种类与数量。1～3年生幼树少施或不施铵态氮肥，花芽分化前追施一定数量的钾肥，以促进花芽分化和枝条成熟。施肥量以不刺激幼树徒长为原则。成年树则以生长势为主要施肥依据，要保持树势中庸健壮，主要结果枝比例在70%以上。除注重秋施基肥以外，追肥以化肥为主，重点在硬核后的果实速长期进行。

（1）基肥。基肥主要是各种有机肥料，可加入少量速效氮肥，酸性土壤可同时混施一定数量的石灰。基肥应秋施，早、中熟品种在落叶前30～50d施入，晚熟、极晚熟品种在果实采收后尽早施入。与春施相比，秋施基肥的桃园花芽分化好、发育充实，花量大，开花早，开花花朵大，坐果率高。施肥方法以条状沟施为主，株行距较大的幼龄园应采用环状沟施。施肥沟深度30～40cm，以达到主要根系分布层为宜。高度密植园可采用全园施肥法，将肥料均匀撒于地面，然后进行耕翻、浇水。

（2）追肥。追肥以速效钾肥为主，沙质土壤肥力较差，保肥保水性也差，应适当增加追肥量与次数，少量多次。一方面可以减少肥料流失量，提高肥效，另一方面能较好地满足新梢生长和果实发育的需要。一般可于萌芽前、硬核期和果实迅速生长期分3次施入。壤土或黏壤土肥力较高，保肥保水性好，在基肥充足的情况下，于果实迅速生长期追肥一次即可。树势弱的宜早施，并适当增加施肥量和施肥次数，特别是前期氮肥的施用量要增加。结果多、产量高的施肥量要大，结果少的应少施或不施。

8.4.1.3 灌溉与排水

桃自萌芽开花到果实成熟都需要充足的水分供应。试验表明，当土壤持水量在20%～40%时桃能正常生长，降到10%～15%时枝叶出现萎蔫现象。桃园灌溉制度因气候不同而异。北方桃产区一般在萌芽前、开花后、硬核始期、果实速长期和土壤上冻前灌水。萌芽前要浇足水，使灌溉水下渗深度达80cm左右。硬核期对水分敏感，灌水量要少，浇到即可。果实速长期是否灌水要依降水情况而定，天旱缺水时可在采前2～3周轻灌一次，以保证果实增大。雨季到来之前，必须疏通排水渠道，检修好排水设备，遇连降大雨时要顶雨排涝，严防积水时间超过24h。

南方雨量充沛，桃园水分管理的主要任务是降低地下水位，防止土壤长时间过湿和积水，重点是保持排水系统完整有效。南方灌水只在旱季进行。一般在夜间灌水，高达畦面，浸水2～4h后立即排出。

8.4.2　整形修剪

桃容器大苗栽植时已基本成形，进入初果期。桃树Y形修剪时，重点注意选择健壮的枝干作为主枝，确保主枝角度在40°～50°，有助于光照和通风。桃树主干形修剪时，重点注意选择适当的主干高度，通常在60～80cm，以便于管理和采摘。主干上应留有均匀分布的主枝，避免重叠，促进光照和通风。具体整形修剪技术见8.2.3.2。

8.4.3　花果管理

花果管理技术包括疏花与疏果、果实套袋、果实采收等，具体见8.2.3.3。

8.4.4　病虫害防控

桃白粉病：发芽前喷5波美度石硫合剂，开花期及6月各喷1次50%多菌灵可湿性粉剂1 000倍液防治。

　　桃细菌性穿孔病：发芽前喷4～5波美度石硫合剂，或花后喷一次20%叶枯唑800倍液防治。

　　蚜虫：全年都需要重点防治，落花后及时喷70%吡虫啉水分散粒剂3 000倍液。

　　具体病虫害防控技术见8.2.3.4。

第9章
李容器大苗培育及高效建园关键技术

9.1　主要栽培品种

大红李

来源>>广东农家品种。

单果重>>平均84.34g，最大101g

可溶性固形物>>17.0%

特征特性>>果实心脏形，果顶圆凸，缝合线浅，明显，片肉较对称。果皮底色绿黄，较厚，果粉中多。果肉乳白色，肉质松软，纤维少，果汁多，味甜，品质上等。半离核。较耐储运（图9-1）。

图9-1　大红李

龙园秋李

来源>>黑龙江省农业科学院园艺研究所以九三杏梅×福摩萨李杂交育成。

单果重>>平均56.11g，最大76.38g

可溶性固形物>>16.14%

特征特性>>果实扁圆形，个大整齐，果顶凹入，缝合线中深、明显。果点密、中大，果粉中厚、灰白色；果实底色黄绿，着鲜红至紫黑色，充分成熟时基本全面着色，果皮中厚。果肉橙黄色，肉质致密，纤维少，果汁中多，味甜酸而浓，品质极上。半离核。耐储运，可在常温下存放20d左右（图9-2）。

图9-2　龙园秋李

玉皇李

来源>>山西地方品种。

单果重>>平均62.09g，最大80g

可溶性固形物>>13.82%

特征特性>>果实近圆形，果顶圆凸，缝合线浅，显著，片肉对称。果皮金黄色，蜡质厚，果皮厚而脆，难剥离。果肉橙黄色，肉质致密，纤维少，果汁中多，酸甜，浓香，品质极上。半离核。耐储运（图9-3）。

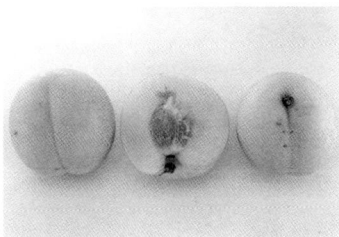

图9-3　玉皇李

国峰2号

来源>>辽宁省果树科学研究所选育。

单果重>>平均101.18g，最大116.14g

可溶性固形物>>16.9%

特征特性>>果实圆形，果顶平，缝合线中深，两半对称。果实整齐度好，果粉薄，果皮底色黄色，成熟时果皮紫红色，果皮不易剥离。果肉浅黄色，肉质松脆，可食率高；果汁多，风味甜、浓郁，有香气，品质极上。离核（图9-4）。

图9-4　国峰2号

国峰7号

来源>>辽宁省果树科学研究所选育。

单果重>>平均70.45g，最大88.34g

可溶性固形物>>21.28%

特征特性>>果实圆形，果顶凹入，缝合线浅，两半对称。果实整齐度好，果粉中厚，果皮底色黄色，成熟时果皮紫黑色，不易剥离。果肉黄色，近皮红色，肉质硬脆，风味浓郁。半离核（图9-5）。

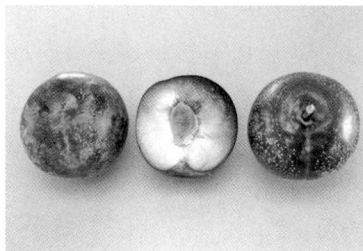

图9-5　国峰7号

蜂糖李

来源>>原产地贵州省安顺市镇宁县，是青脆李的一个栽培变种。

单果重>>40g

可溶性固形物>>15%～20%

特征特性>>果实卵圆形，顶部微凹陷，缝合线较深，呈对称状。果皮淡黄色，果粉较多。果肉淡黄色，汁多爽口，可食率高。丰产性好，具有较强的适应性。成熟期一般在6月中下旬（图9-6）。

图9-6　蜂糖李

金塘李

来源>>浙江省舟山市定海区特产。

单果重>>45g

可溶性固形物>>10.3%

特征特性>>果实圆形或扁圆形，果实顶部洼平或微凹陷，间有裂痕，缝合线浅而明显。果皮底色黄绿，被灰白色果粉，果肉紫红色，肉质致密，味鲜甜，有香气。半粘核。果实成熟期7月上旬（图9-7）。

图9-7　金塘李

9.2 李容器大苗培育

9.2.1 育苗容器与基质

容器的选择与填充详见第2章。李容器大苗的培育通常选择直径30～60cm的容器较为合适，以便根系有足够的生长空间，可以选择塑料容器、陶土盆或营养钵。塑料容器轻便且保水性好，陶土盆透气性强但可能较重，容器底部需有排水孔，以防止水涝和造成根部腐烂。

建议使用疏松、透气性好的基质。可以选择混合基质，如泥炭土、珍珠岩和腐殖土的混合物（比例可以是2∶1∶1）。李适合在pH 5.5～7.0的土壤中生长，可以在选择基质时进行种类和配比调整。

9.2.2 苗木管理

9.2.2.1 肥水管理技术

（1）施肥管理。幼树施肥管理以促进生长、提早结果、多次施肥、薄施勤施为原则，从发芽后至7月每月施肥一次，以速效氮肥为主，并结合有机肥和磷肥施用。9～10月施基肥一次，基肥以有机肥为主，并配施磷肥。

（2）水分管理。李容器大苗基质水分含量一般保持在田间持水量的70%左右（以基质不发白为准）。根据降水状况和树体发育需要，重点关注花前灌水、果实膨大期灌水和封冻水3次灌水。

9.2.2.2 整形修剪技术

（1）开心形。开心形是李常用树形之一，适合直立性强的李树品种。一般是3～5个主枝在主干上错落着生，层内距10～15cm，按35°～45°角开张，每个主枝上留2～3个侧枝，在主枝两侧向外侧斜方向发展，然后在主侧枝上配备结果枝组。无中心干，干高30～50cm，树高2.5～3m。

（2）小冠疏层形。适用于干性强、树势强健、树冠较大的品种，比如金沙李或榇李。一般干高40～60cm，有中心干，主枝5～6个，两层较佳，层间距60～80cm。第一层主枝3个，第二层主枝2～3个，层内距15～20cm，第二层与第一层主枝插空选留，每个主枝配置1～2个侧枝。这种树形可解决树内光照不足的问题，同时也限制树高。

（3）纺锤形。适合发枝多、树冠开张、生长不旺的李树品种。纺锤形无明显的主、侧枝之分，各类大小枝组直接着生于中心干上。树高2～3m，冠径3m左右。在中心干四周培养多数短于1.5m的水平主枝，主枝不分层，上短下长。高密度下，采用细长纺锤形树形，中心干上分生的侧枝生长势相近、上下伸展幅度相差不大，分枝角度呈水平状，树形瘦长。

（4）圆头形。多用于山区管理粗放的果树的树形改造，平地丰产果园较少采用。主干在一定高度剪截后，任其自然分枝，疏除过多的主枝，留4个均匀排列的主枝，每个主枝上再留2～3个侧枝构成树体骨架，自然形成圆头形。

（5）V形。也称二主枝开心形，适合按3m×1m和2m×1m的行株距种植的李树。

9.2.2.3　花果管理技术

（1）正确配置授粉树。中国李的绝大多数栽培品种自花不结实或自花结实率低，单独栽培不能满足生产需要，因此生产中必须配置授粉品种。

（2）花期喷硼和放蜂。生产上通常在李树花前1周和盛花期，喷1次0.2%～0.3%硼砂，每亩喷施量为200L，比自然结果可增产8%～9%。

花期放蜂可代替人工授粉，省工、省时，成本低。北方李园以角额壁蜂和凹唇壁蜂为主，其授粉能力是蜜蜂的80倍，与自然授粉相比可提高坐果率0.5～2倍。壁蜂在开花前5～10d释放，将蜂茧放在李园提前准备好的蜂巢（箱）里，每亩李园放蜂80～100头，蜂箱15～20个，蜂箱离地面约45cm高，箱口朝南（或东南），箱前

50cm隐蔽处挖一小沟或坑，备少量水，供壁蜂采土筑巢用。一般在放蜂后5d左右为出蜂高峰期，此时正值李始花期，壁蜂出巢访花，也正是李授粉的最佳时期。

（3）花前浇水。花前浇水有利于李树开花、新梢生长和坐果。此期浇水又称解冻水或萌动水，时间在3月。如春季干旱，应在开花前2周将李园浇一次水，使花开得齐、开得壮。

（4）花期避雨避寒。花期如遇阴雨，有条件者可在树冠上面搭一框架，外盖薄膜，避免雨水冲刷花粉。雨停后如少有蜜蜂（或壁蜂）活动，可进行人工辅助授粉。用鸡毛掸子从授粉品种树的花朵上掸一掸，沾些花粉，再将已沾上花粉的鸡毛掸子在被授粉品种树上掸一掸、扫一扫，使花粉能落到被授粉品种花内的柱头上。人工辅助授粉一天可进行一次，每天最好在9～17时进行，而且一定要在露水或雨水干后进行。

（5）疏花疏果。李的多数品种坐果率高，因此必须进行疏花疏果。

（6）果实采收。李果采收期的确定应根据品种和用途的不同而定。

9.2.2.4　病虫害防控技术

（1）李主要病害及防治。

①李红点病。在初期阶段，只对叶片造成危害，随着病情的加剧，逐渐影响到果实（图9-8）。叶片发病时产生红黄色微微隆起的圆形病斑，病情严重时，会导致病叶早落。果实发病会出现红黄色圆斑，不仅对果实的正常生长造成影响，严重时还会引起果实脱落。

防治方法：第一，彻底清扫果园，对病叶、病果以及落叶要做好深埋处理，或者直接带出果园进行焚烧处理，使病菌彻底被清除，也可以进行春

图9-8　李红点病

刨树盘和秋翻地，减少侵染源。第二，使用药剂防治，即在李树萌芽以前，用3～5波美度石硫合剂进行喷洒；在李开花末期和叶芽开放阶段，可喷洒琥珀酸铜进行预防。第三，加强管理，合理中耕，科学施肥，并做好排水工作，提高树体抗病性。

②李细菌性穿孔病。染病的叶片会出现不规则或者圆形的褐色斑点，常见穿孔、脱落现象，如果病情较为严重，会导致大量树叶脱落，并使树势衰弱。

防治方法：加强李园的管理工作，增施有机肥，增强树体抵抗力，合理灌溉，做好排水和除湿工作，科学修剪，改善园内的光照和通风条件。及时清除病残枝，减少侵染源。另外，进行药剂防治，在李树休眠期喷施波尔多液，落花以后每隔2周使用65%代森锌可湿性粉剂喷施一次。

③李树流胶病。常见的李树流胶病可以分为两种，一种是非侵染性流胶病，一种是侵染性流胶病。此病害一般危害枝干部位，表现为枝干流出半透明胶状物（图9-9）。发生后会对树体长势造成影响，使产量降低，严重时可能导致李树死亡。

图9-9　李树流胶病

防治方法：在对李树流胶病进行防治时，需先确定病害的具体类型。如果是非侵染性流胶病，主要是减少不必要的机械伤，加强日常修剪工作等，并增加农家肥施入量；病害发生后，可以使用石硫合剂涂抹伤口。如果是侵染性流胶病，除需及时处理流胶部位外，还需要涂抹石硫合剂，并且需要涂铅油合剂进行保护。

（2）李主要虫害及防治。

①李小食心虫。幼虫一般为粉红色（图9-10），成虫大多为灰褐

图9-10　李小食心虫

色。幼虫蛀食果实造成危害。蛀果前常在果面上吐丝结网，然后栖于网下啃食果皮，并蛀入果内啃食果肉，且有虫粪排出。

防治方法：产卵期是防治李小食心虫最为重要的时期，可以在果实落下前，对树冠部位喷洒高氯·马乳油。此外，还可以在产卵期使用菊酯类农药进行防治。

②山楂叶螨。吸食李树叶片的汁液，导致叶片严重受损，最终焦黄脱落。如果李树在7～8月叶片全部掉落，则会对第2年产量产生不良影响。

防治方法：一是在李树发芽前喷洒石硫合剂，并且铲除树上的一些老皮，集中烧毁。二是在李树生长期，使用三氯杀螨醇或炔螨特，防治效果较佳。

9.3　李容器大苗高效建园关键技术

利用培育的李容器大苗（图9-11）可以实现高效建园，有利于提早进入结果盛期。

9.3.1　园地选择

根据李树对土壤、气候条件的要求，选择适合李树生长发育的地区栽培。具体选择园址时应遵循以下几个原则：①李树春季开花较早，在有霜害的地区应注意品种的选择，并营造防风林。应避免在谷地、盆地或山坡底部等冷空气容易集结的地方建园。②李树虽然对土壤要求不严，但最为适宜的是土层深厚、湿润、

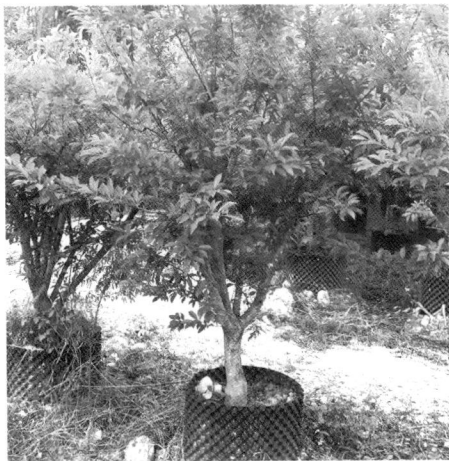

图9-11　李容器大苗

肥沃，排水及灌溉良好的壤土和沙壤土。在山岭薄地、沙荒地和黏重土壤上建园，宜进行土壤改良。李树在pH 4.7～7的土壤上均能生长良好。③李树喜湿，不耐涝。如在李园有停滞水，易使根系死亡或发生流胶病，因此在地下水位高、雨季易积涝的低湿、涝洼地段不宜建立李园。平原地区的李园应建立在地下水位离地表不高于1.5～2m的地段，否则李树易早衰或死亡。④李果的成熟期不一致，特别是有些早、中熟品种不耐储运，应选择交通运输方便的大中城市周围以及人口密集、商业和旅游业发达的地区附近建园。⑤建立李园时应尽可能避开栽过桃、李、杏、樱桃等核果类果树的地方，以免再植病的发生。⑥李树对光照要求不如桃严格，但其果实要求充足的光照条件。在阳坡光照条件充足的地方，果实着色好，品质佳，花芽分化良好，树势健壮，产量高。

9.3.2 授粉树配置

李多数品种自花不结实，栽培时必须配置一定数量的适宜授粉品种。授粉品种必须花粉量大，与主栽品种花期相遇或相近，且亲和性好。主栽品种与授粉品种比例为（4～5）：1。

9.3.3 栽植技术

（1）确定合理栽植密度。株行距通常可采用2m×4m或3m×5m，山地、沙滩土壤瘠薄的地方可采用3m×4m。据杨建民在河北易县对大石早生李栽植密度的研究，在土壤肥力中等偏上的条件下，大石早生李的栽植密度以株行距3m×5m为宜；在土壤条件较差、管理水平较低的条件下，可以采用3m×4m或2m×4m的株行距栽植。

（2）栽植时期。李容器大苗的栽植时期一般在春季和秋季。具体来说，春季栽植，通常在3～4月，北方地区可以选择在土壤解冻后进行栽植。秋季栽植，一般在9～10月，此时温度适中，有利于根系的生长和扎根。选择合适的栽植时期可以提高成活率。在栽植前，确保土壤松散、排水良好，并做好施肥和浇水等养护措施。

（3）栽植技术。挖直径、深为1m×（0.8～1）m的定植穴，表土与底土分开堆放。每穴施有机肥50kg，与表土混合后回填，灌水沉实后栽植，嫁接口应略高于地平面。栽植后充分灌水，及时覆膜。

9.4　栽培管理技术

9.4.1　土肥水管理

正常的土肥水管理可参照桃树进行。但李树，尤其是国外布朗李，更应重视施基肥和疏松土壤，使土壤有机质含量不断提高，否则李园管理困难，难以收获优质的李果。

9.4.1.1　土壤管理

李根系分布浅，对土壤养分要求高，因此未改土的果园定植后必须逐年扩穴深翻压绿，以加深根系分布，同时合理灌水、覆盖、中耕，以保证根系生长。3～9月用作物秸秆覆盖树盘，可防止土壤干燥。秋季扩穴压绿。冬季修剪后全园中耕一次。

9.4.1.2　施肥管理

合理施肥不仅可以节省肥料和工时，还能为李树生长发育创造良好的环境条件，满足李树对各种营养元素的需求，是提高李果品质的关键和实现优质、高产、高效的必要措施。

（1）基肥。一般以迟效性农家肥为主，如堆肥、厩肥、作物秸秆、绿肥、落叶等，过磷酸钙、骨粉、复合肥等也可作为基肥深施。通常在秋季结合果园深翻或深耕施用。

（2）追肥。在施基肥的基础上，根据李树各物候期需肥特点，分期追施一定量的速效性肥料，以及时满足、补充树体营养。

①花前追肥。为了满足李树萌芽、开花期需要的大量营养，减少落花，提高坐果率，促进新梢旺盛生长和叶片迅速长大，可在李树萌芽前10d左右追施速效性氮肥。

②幼果膨大及花芽分化期追肥。生理落果后至果实迅速膨大期前，是李树需要大量营养的关键期，应追施速效氮、磷、钾肥，并注意根外喷施微量元素肥料。

③果实生长后期追肥。在果实开始着色至采收期间追肥，目的是补充树体因结果过多所消耗的营养，并为花芽分化提供更多的营养，也为果实大小整齐、品质提高供给足够的营养。所以这次追肥对树体生长、高产稳产、果实品质及翌年产量极为重要。多施磷、钾肥，尤其是钾肥，另外用速效氮肥进行根外追肥并结合喷药为好。

9.4.1.3 水分管理

干旱时要注意浇水抗旱，特别是中晚熟品种的李园，并注意果实膨大期勿缺水，否则会对产量和树势产生不利影响。山坡地建园可利用地势建一水塘，拦蓄雨水。

9.4.2 整形修剪

李树修剪需根据树龄、树势和品种习性等进行。详见9.2.2.2。

9.4.3 花果管理

花果管理技术包括正确配置授粉树、花期喷硼和放蜂、花前浇水、花期避雨避寒、疏花疏果、果实采收等。具体见9.2.2.3。

9.4.4 病虫害防控

李树的病虫害主要有细菌性穿孔病、流胶病、红点病及蚜虫、桃蛀螟、桑白蚧、螨类、李小食心虫等。

具体病虫害防控技术见9.2.2.4。

第10章
枣容器大苗培育及高效建园关键技术

10.1 主要栽培品种

临猗梨枣

来源>>山西十大名枣之一，原产山西临猗、运城等地，有3 000多年栽培历史。

单果重>>31.6g左右，最大100g以上

鲜枣可食率>>96.6%

特征特性>>适应性较强，树体小，结果早，特别丰产，果实特大，倒卵状、梨形，果肉厚，肉质松脆，味甜，汁液多，含可溶性固形物27.9%，品质上等（图10-1）。

图10-1 临猗梨枣

冀星冬枣

来源>>沧州市林业科学研究院选育而成。

单果重>>平均16.6g，最大35g

鲜枣可食率>>97.3%

特征特性>>果实圆形，果个大小均匀，果皮赭红色，果面平整光洁，果皮薄，果肉乳黄色，肉质酥脆可口，细嫩多汁，甜酸适口；可溶性固形物含量白熟期为18.6%，脆熟期为24.95%，完熟期为31.28%，品质极上（图10-2）。

图10-2 冀星冬枣

图10-3 壶瓶枣

壶瓶枣

来源>> 原产于山西太谷，山西十大名枣之一，古老的地方名优品种。

单果重>> 平均20g，大果50g以上

鲜枣可食率>> 96.4%

特征特性>> 结果较早，产量高而稳定。果实较大，倒卵形或圆柱形，含可溶性固形物37.8%，品质优良，用途广泛，主要用于干制和加工酒枣（图10-3）。

板枣

来源>> 主要分布于山西稷山，山西十大名枣之一，约有400年栽培历史。

单果重>> 平均11.2g，最大16.2g

鲜枣可食率>> 96.3%

特征特性>> 结果早，产量高，并且很稳定。果个较小，但外形美观。果肉厚，绿白色，肉质致密，较脆，甜味浓，汁液较少，含可溶性固形物41.7%；鲜食、制干和加工蜜枣兼用，多以制干为主，并且品质优异（图10-4）。

图10-4 板枣

骏枣

来源>> 山西十大名枣之一，原产山西交城边山一带，栽培历史
1 000余年。

单果重>> 平均22.9g，最大36.1g

鲜枣可食率>> 96.3%

特征特性>> 果实大，前期果多为柱形，
后期果呈长倒卵形，果面光滑，果皮
薄，果肉厚，质地细，较松脆，味甜，
汁液中多，含可溶性固形物33%，品质
上等，用途广泛，鲜食、制干及加工蜜
枣、酒枣均可，是加工酒枣最好的品种
之一。适土性强，耐旱涝、盐碱，抗枣
疯病（图10-5）。

图10-5　骏枣

金昌1号

来源>> 自壶瓶枣变异株系中选出。

单果重>> 30.2g

鲜枣可食率>> 98.6%

特征特性>> 果实短圆柱形，果皮较薄，
深红色，果面光滑。果肉厚，绿白色，
肉质细而较酥脆，味甜微酸，汁中多或
较多，品质上等，适合鲜食、制干及加
工蜜枣、酒枣（图10-6）。

图10-6　金昌1号

临黄1号

来源>> 自吕梁木枣变异株系中选出。

单果重>> 22.8g

鲜枣可食率>> 97.8%

特征特性>> 果实长圆柱形或长卵圆形，大果型，丰产，抗裂果，

制干加工兼用，含可溶性固形物26.4%～29.3%。10月上旬成熟，比木枣晚1周左右。可替代木枣等果个小、品质差的品种在吕梁沿黄地区推广应用（图10-7）。

图10-7　临黄1号

冷白玉

来源>>从北京白枣品种群自然变异株系中优选培育而成。
单果重>>平均19.5g，最大30.5g
鲜枣可食率>>96.8%
特征特性>>晚熟鲜食。鲜枣近卵圆形，皮薄，酥脆，汁多，味酸甜，可溶性固形物含量29.4%，口感极佳。抗病、抗裂果、耐储藏。9月底至10月初成熟（图10-8）。

图10-8　冷白玉

10.2　枣容器大苗培育

10.2.1　育苗容器与基质

容器的选择与填充详见第2章。一般枣树栽培基质的配比为：园土2～3份、粉碎腐熟的枝条2份、腐熟的牛粪1份、河沙1份、珍珠岩1份、蛭石1份、保水剂1份、颗粒缓控释肥1份和微量元素肥0.3～0.7份。控根育苗容器直径和高均为40cm。

10.2.2　苗木选择

选择品种纯正、根系发达、无病虫害的2年生根蘖苗或嫁接苗定植于容器中，进行培育。枣苗木的选择可参照表10-1。

表 10-1　苗木选择标准

一级苗木	二级苗木
苗高 100cm 以上，地径 1.0cm 以上	苗高 80cm 以上，地径 0.8cm 以上
主根长度大于 20cm，粗度大于 3mm 的侧根 5 条以上，根系无严重劈裂	垂直主根 20cm 以上，具有粗度大于 2mm 的侧根 5 条以上
整形带内有健壮饱满主芽 5 个以上	整形带内有健壮饱满主芽 3 个以上
嫁接部位愈合良好	嫁接部位愈合良好
无严重机械伤和病虫害	无严重机械伤和病虫害

10.2.3　苗木管理

10.2.3.1　肥水管理技术

（1）施肥管理。

①基肥。容器育苗时基质营养成分丰富且含量高，可根据测土配方施肥，以氮、磷、钾为基础，添加腐殖酸、螯合态微量元素肥料、增效剂、土壤调理剂等。根据当地枣树施肥现状，综合各地枣树配方肥配制资料，建议氮、磷、钾总养分量为 30%，氮、磷、钾比例为 1：0.67：1.83。基础肥料选用及用量（1t 产品）如下：硫酸铵 100kg、尿素 158kg、磷酸二铵 138kg、钙镁磷肥 10kg、过磷酸钙 100kg、硫酸钾 160kg、硼砂 20kg、氨基酸锌铜锰铁 15kg、硝基腐殖酸 200kg、氨基酸 37kg、生物制剂 20kg、增效剂 12kg、土壤调理剂 30kg。

也可选用生态有机肥、含促生真菌生物复混肥（20-0-10）、含腐殖酸硫基高效复混肥（15-5-20）、腐殖酸涂层长效肥（20-10-15）、有机无机复混肥（14-6-10）、硫基长效缓释复混肥（23-12-10）等。

②生育期追肥。追肥可采用腐殖酸包裹尿素、增效尿素、腐殖酸型过磷酸钙、缓释磷酸二铵、大粒钾肥、含促生真菌生物复混肥（20-0-10）、腐殖酸硫基高效复混肥（15-5-20）、腐殖酸涂层长效肥（20-10-15）、有机无机复混肥（14-6-10）、硫基长效缓释复混肥（23-12-10）、硫基长效水溶性滴灌肥（10-15-25）等。

③根外追肥。可根据枣树生育情况，酌情选用含腐殖酸水溶肥、含氨基酸水溶肥、含海藻酸水溶肥、氨基酸螯合微量元素水溶肥、大量元素水溶肥、活力钙叶面肥、活力钾叶面肥、活力硼叶面肥等。

（2）水分管理。可采用滴灌方式浇水，每棵树安装2～3个滴头，栽植后浇1次透水，隔2d再浇1次，之后根据天气状况、基质水分蒸发速率及树体需水状况确定水量。

枣树虽然抗旱，但要获得高产仍需注意在发芽期、花期、幼果速长期、果实膨大期和休眠期灌水，一般与追肥相结合。

10.2.3.2　整形修剪技术

（1）枣树主要树形。主要有主干形、Y形、丛状形和小冠疏层形等。

①主干形。树高2.5m左右，干高0.4～0.5m，主枝8～10个，均匀排列在中心干上，不分层，不重叠，主枝长1m左右，冠径2m左右。树冠下部培养大型枝组，上部培养中小型枝组，全树呈下大上小之杰。

②Y形。树体无中心干，主枝2个，呈Y形对称分布，开张角60°左右，结果枝组均匀分布在主侧枝的周围，树冠光照充足，2～3年成形，适用于密植栽培。

③丛状形。主枝一层，3～4个，开张角30°～45°，树冠中心不留主干，结果枝组均匀分布在主侧枝的周围，形成中心较空的扁圆形树冠，树冠中心没有因光照不足出现不结果的空膛。

④小冠疏层形。有明显的中心干，干高50cm左右，全树留主枝8～10个，分三层着生在中心干上。第一层主枝3～4个，基角70°左右，层内间距0.2～0.3m；第二层主枝2～3个，基角60°左右，层内间距0.2～0.3m，距第一层主枝0.6～0.8m；第三层主枝1～2个，基角开张50°～60°。主枝上不培养侧枝，直接着生结果枝组。树高和冠幅均控制在2.5m左右。

（2）幼树的整形修剪。枣树幼树修剪应以整形为主，轻简化，提高发枝力，加大生长量，培养主侧枝，迅速形成树冠。栽植后要早定干，促使早发枝。夏季采用撑、拉、别等方法，调整自然萌生发育枝的延伸方向和开张角度，以培养理想的主侧枝。对于骨干枝上萌发的1～2年生发育枝，根据空间大小对其短截，并培养成中小结果枝组。对于生长较旺的枝梢，根据空间大小，对新梢及时摘心，抑制生长，促使形成健壮枝。尽量少疏枝，多留枝，以促使树冠形成。对于多余无用芽在萌芽后应及时抹除。

10.2.3.3 花果管理技术

对已进入生长结果期的枣树进行花果管理，主要目的是提高坐果率、防止采前落果、防止裂果。

提高坐果率的技术方法主要有花期放蜂、环剥（开甲）、摘心、花期喷水和植物生长调节剂。防止采前落果可以喷洒植物生长调节剂。防止裂果可采取避雨栽培、果园覆盖、提前采收及喷施药剂等措施。

（1）花期放蜂。枣花是典型的虫媒花，蜜蜂为最好的传粉媒介。花期放蜂可使枣树坐果率提高1倍以上。花期将蜂箱均匀地摆放在枣园中，蜂箱间距不超过300m。

（2）环剥。环剥能调节营养物质的运输与分配，使光合产物集中作用于开花和坐果，提高坐果率，一般在盛花期进行。首次环剥应在主干距地面15～20cm处进行，环剥口宽度3～7mm，以后每年上移5cm，环剥后绑缚塑料薄膜进行伤口保护。还可以采用环割和装促果器等方式促进坐果。

（3）枣头摘心。枣头生长到一定节数后，留2～6个二次枝进行摘心。摘心强度因品种和树势而异，木质化枣吊结果能力强的品种和树势强的品种可重摘心；二次枝随生长随摘心，枣头中下部二次枝可留6～9节，中上部二次枝可留3～5节。

（4）花期喷水和植物生长调节剂。花期遇高温干旱，可在枣树盛花期于8～10时或16～18时对枣树喷水2～3次；严重干旱年份可喷水3～5次，每次间隔1～3d。同时在盛花期喷15mg/kg赤霉素，以减少落花落果，提高坐果率，一般喷施1次，如果坐果不好，再补喷1次。

（5）采果前喷洒植物生长调节剂。于采果前30～40d喷1～2次15mg/kg萘乙酸，防止采前落果。

（6）避雨栽培。通过搭建避雨棚，进行避雨栽培。在枣果白熟期，若遇到阴雨天气，及时覆盖塑料棚膜，防止裂果；其他时期不覆膜。

（7）果实白熟期前覆盖。果实白熟期前对枣园进行灌溉，之后树下覆盖地膜、草或秸秆等，使土壤含水量不低于14%，可降低裂果率。

（8）提前采收。有些易裂果品种可选择在白熟期采收，用于加工。

（9）喷施药剂。从7月下旬开始，每隔15d喷1次3g/kg氯化钙水溶液，直到采收，或8月中下旬对果面喷石灰水50～100倍液，可降低裂果率。

10.2.3.4　病虫害防控技术

枣树病虫害分布广、危害重，是造成枣树产量低、质量差的主要原因。当前枣园危害较重的病虫害有10余种，多数病虫害的发生规律各不相同，增加了防治难度，并对枣树的生长、结果造成不同程度的影响。为此，及时防治枣树病虫害，保证树体健壮生长，是夺取枣果丰收的关键。

（1）枣树主要病害及防治。

①枣锈病。该病主要危害叶片，有时也侵害果实。受害叶片背面散生淡绿色小点，后渐变淡灰褐色至黄褐色，产生突起的夏孢子堆（图10-9）。在叶片正面对着背面夏孢子堆的地方，出现不规则的褐绿色小斑点，以后逐渐失去光泽变为黄褐色病斑。病菌多在病叶上越冬。6月下旬降雨后，越冬的孢子开始萌芽侵入叶片，7月中旬开始发病，8～9月病菌不断进行再侵染，受害严重叶片开始大量落叶。多雨、高湿是枣锈病发生流行的主要条件。

图10-9　枣锈病

防治方法：一是加强栽培管理，增施有机肥，使树体生长健壮，提高树体抗病力。二是在冬季休眠期，通过合理整形修剪，使园内保持良好的通风透光条件，扫除病叶、落叶，集中烧掉，减少越冬病菌。三是喷药防治。6月下旬，病菌开始侵入前，喷药保护，每隔15～20d喷1次，连喷3～5次。常用药剂有50%多菌灵可湿性粉剂800～1 000倍液，或石灰倍量式波尔多液200倍液，或25%三唑酮可湿性粉剂1 000～1 500倍液等，交替使用，效果较好。

②枣炭疽病。该病主要危害枣果，也能危害叶片。果实受害，最初出现褐色水渍状小斑点，扩大后，呈近圆形的凹陷病斑（图10-10），病斑扩大密生灰色至黑色的小粒点，引起落果，病果味苦不堪食用。叶片受害会变黄脱落。多雨时会加重发病。

图10-10　枣炭疽病

防治方法：一是加强肥水管理，改良土壤，做到旱能浇，涝能排，增施有机肥，促进树体健壮生长，提高树体抗病能力。二是清洁果园。落叶后将园内所有的落叶及落果集中烧掉或深埋。三是药剂防治。枣树萌芽前，喷1次5波美度石硫合剂。6月上中旬喷1次石灰倍量式波尔多液200倍液。7月中下旬和8月上旬各喷1次杀菌剂，常用药剂有65%代森锌可湿性粉剂500倍液，或50%多菌灵可湿性粉剂800～1 000倍液，或75%百菌清可湿性粉剂600倍液，或石灰倍量式波尔多液200倍液等。

③枣疯病。该病主要危害枣树和野生酸枣树，是枣树的毁灭性病害。枣树染病后，地上部分和地下部分都表现出不正常的生育状态。地上部分表现为花变叶，芽不正常萌发和生长所引起的枝叶丛生，以及嫩叶黄化和卷曲呈匙状等（图10-11）。地下部分主要表现为根蘖丛生。幼树发病1～2次就会枯死，大树染病后3～6年逐渐干枯死亡。枣疯病通过嫁接传染或田间叶蝉类害虫刺吸传播。

防治方法：铲除病株和带病的根蘖，以防传染。选用无病的接穗嫁接繁育苗木。选择抗病性强的品种，加强栽培管理，促进树体健壮生长。防治传病媒介害虫，喷20%氰戊菊酯3 000倍液或10%吡虫啉3 000倍液。

图10-11　枣疯病

④枣褐斑病。该病主要侵害果实，引起果实腐烂和提早脱落。一般在六七月枣果膨大、发白，将要着色时，开始大量发病。枣果前期受害，先在肩部或胴部出现浅黄色、不规则的变色斑，边缘较清晰，以后病斑逐渐扩大，病部稍有凹陷或皱褶（图10-12）。

防治方法：一是搞好清园工作。清除落地僵果并深埋，对发病重的枣园或植株，结合修剪细致剪除枯枝、病虫枝集中烧毁，以减少病原。二是加强综合管理，增施有机肥和磷、钾肥，增强树势。枣园行间种植花生、甘薯等低秆作物，不间种玉米等高秆作物，保持枣园通风透

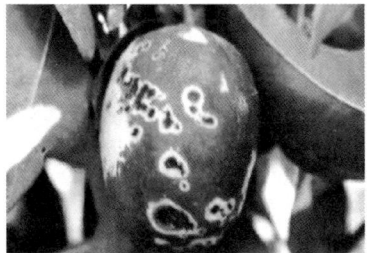

图10-12　枣褐斑病

光，降低枣园空气湿度，减少发病。三是喷药保护。发芽前5～10d喷洒5波美度石硫合剂，铲除树体上的越冬病原。幼果期结合喷洒含氨基酸水溶肥料，每10～15d喷洒1次30%苯甲·丙环唑乳油3 000倍液，连续喷洒3～4次。幼果坐齐后每20d左右喷洒1次石灰倍量式波尔多液200倍液，与上述药液交替使用。

⑤枣缩果病。病果果柄为褐色或黑褐色，果柄提前形成离层，比健康果提早脱落。果实瘦小，果肉色黄、发苦，糖分明显下降，严重影响枣果产量和品质，严重者效益全损（图10-13）。

图10-13　枣缩果病

防治方法：从8月上旬开始，用30%琥胶肥酸铜可湿性粉剂500倍液，或75%百菌清可湿性粉剂1 500倍液进行树冠喷雾防治，每隔8～10d喷1次。

（2）枣树主要虫害及防治。

①桃小食心虫。以幼虫蛀果危害（图10-14），虫孔周围呈淡黄色，略有凹陷。幼虫蛀入后，先在果皮下潜食，随龄期增加，在果核周围边取食边排粪，枣核周围充满虫粪形成"豆沙馅"。

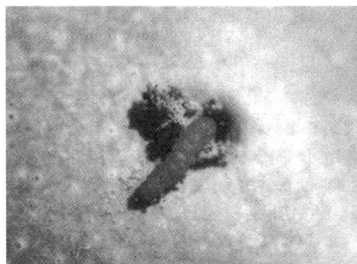

图10-14　桃小食心虫

防治方法：一是树盘培土或覆膜。幼虫出土前，在树干四周1m范围内培土并压紧，阻止幼虫出土。覆膜前，用5%辛硫磷颗粒剂撒施于地下，然后浅锄。二是适期用药。当卵果率达1%～2%时，开始喷药防治，连续喷2～3次，每15d喷一次。常用药剂有20%氰戊菊酯乳油2 000～3 000倍液，或30%氰戊·马拉松乳油1 500倍液，喷药时要仔细周到。

②枣尺蠖。幼虫危害枣的嫩芽、叶片及花蕾。每年发生1代，以蛹在树冠周围10～15cm深的土壤中越冬，翌年3月下旬羽化为成虫，交尾后产卵，雌成虫无翅，须爬到树干上产卵，经过25d左右的卵期，4月中下旬至5月中旬幼虫孵化上树危害，一至三龄幼虫食量小，主要食害嫩叶，四至五龄幼虫食量大增，常将叶片吃光，幼虫经过5龄发育后，于5月下旬至6月中旬，开始入土化蛹越夏并越冬。

防治方法：一是在冬季结合深耕土壤，拣除并杀死越冬虫蛹。二是3月上旬在树干基部距地面20～25cm处绑扎10cm左右宽的薄膜阻止雌成虫上树产卵，每天早晨、晚上在树下人工捕杀成虫，或在树干周围喷洒菊酯类农药，杀死孵化的小幼虫。三是树上喷药防治，如果树下未防治，仍有上树危害的，可以喷洒药剂，如20%氰戊菊酯乳油2 000倍液，或2.5%溴氰菊酯乳油2 000倍液，或2.5%氯氟氰菊酯乳油4 000倍液，或20%甲氰菊酯乳油2 000倍液。

③枣黏虫。又名包叶虫，以幼虫危害叶片（图10-15）、花、果实。幼虫吐丝将枣树小枝粘在一起，并将叶片卷成饺子状在其中危害，或由果柄蛀入果内蛀食果肉，造成被害果早落。

图10-15　枣黏虫

防治方法：一是9月上旬开始在树干上绑草把，诱集幼虫在其上化蛹越冬，到冬季收集草把，烧掉或深埋。二是在冬季刮除老翘皮，以减少越冬虫口基数。三是喷药防治，狠抓一代幼虫防治，在幼虫发生期及时喷药，用90%敌百虫1 000倍液，或20%氰戊菊酯乳油3 000倍液，交替使用，效果较好。

10.3　枣容器大苗高效建园关键技术

10.3.1　园地选择

枣树的适应性比较强，对土壤要求不严，各地可以充分利用荒地和盐碱地进行栽培。但是，为了达到较高的经济效益，生产出优质、绿色的产品，应尽量选择空气、水源、土壤等环境没有受到污染，地势平坦开阔，排水条件好，土壤渗透性强、通气性能好，地下水位较高，土质肥沃的园地为好。山区和丘陵地带种植枣树，应选择土层深厚的阳坡，阴坡不宜种植。枣树怕风，在建园过程中应注意避开风口处。

10.3.2 栽植技术

10.3.2.1 栽植时期

枣树自落叶到第2年萌发前的整个休眠期都可栽培，分为春栽和秋栽。秋栽在枣树落叶以后到土壤结冻前进行。冬季气温较高（1月平均气温在 −8℃以上）、风速较小的地区，可进行秋栽。

10.3.2.2 栽植密度

（1）普通枣园。指密度中等的纯枣园，一般栽植株行距为3m×5m，或4（或5）m×6m。此类型的枣园易管理，用工量较小，适合大多数地方。

（2）密植枣园。株行距一般为2m×4m、1m×2m，或采用株距为1m、行距为一行1m和一行3m的两密一稀双行带状栽植。此类型的枣园管理较为费工，管理水平要求较高。

（3）草地枣园。为超密枣园，一般行距1m，株距小于1m。此类枣园建园成本高，管理费工但结果早，可当年获得丰产。

（4）枣粮间作枣园。枣粮并重园，株距3m或4m，行距15m或20m；以枣为主的枣粮间作园，行距为7～10m。此类型的枣园适合平原、梯田。

10.3.2.3 栽植方式

选择生长健壮、无病虫危害的枣容器大苗（图10-16）进行栽植。栽植穴直径80cm左右、深70～80cm，施足底肥，将根系埋严并踏实，使根系与土壤密接。栽后灌足水，水渗后覆盖地膜，有利于保墒及土壤温度的提高。

10.3.2.4 栽后管理

容器大苗栽植后，应注意及时灌水保墒，防治病虫害。苗木发芽展叶后，调查苗木成活情况，根据死株、缺株情况，秋季或翌年萌芽前进行苗木补栽。另外，枣苗栽植的当年，有时会出现不发芽的假死现象，假死株的树枝柔软，皮色发绿光亮。对假死苗木应抓紧浇水中耕，促其尽快萌芽生长。

图10-16　枣容器大苗

10.4　栽培管理技术

10.4.1　土肥水管理

10.4.1.1　土壤管理

土壤管理的目的是改善土壤的理化性质，增加有效土层厚度，保持或增强土壤肥力，扩大根系生长范围，满足枣树生长发育的需要。

（1）园地翻耕。一般在果实采收后结合秋施基肥进行，土层厚的枣园翻耕深度为20～25cm，土层薄的枣园翻耕深度为15～20cm。注意尽量不要伤根，尤其是直径0.5cm以上的水平根。遇到大根加强保护，随翻随埋，防止根系抽干。

（2）中耕除草。一般在灌水后和雨后进行，其作用是除草、松土、保墒。全年中耕3～5次，中耕深度5～10cm。

（3）除根蘖。一般从枣树发芽到7～8月的萌蘖期，结合中耕除草进行除根蘖，下铲应深入土面10～15cm，不留残茎。

（4）间种绿肥。适合普通枣园和枣粮间作园，不适合密植枣园。间种绿肥既可为枣树生长提供肥料，又能覆盖地面，起到防止水土流失、防风固沙、稳定土温、减少中耕除草等作用。适合枣园间种的绿肥有豆科植物、鼠茅草、毛叶苕子等。

（5）冠下覆盖。目前常用的覆盖方法有园艺地布覆盖和有机物覆盖。园艺地布透气、透水性好，保水、防草效果明显。冠下覆盖秸秆、稻草、树皮等有机物，既能防草保墒，又能增强土壤肥力，覆盖厚度一般为20cm。

（6）土壤改良。沙土地应掺混黏土，并大量施用有机肥或穴储肥水，结合覆草或覆膜，提高土壤的保水、保肥能力及肥水供应的稳定性。黏土地应掺沙深翻，增强土壤透气性。盐碱地应挖沟埋草，增施有机肥，覆膜覆草，用淡水洗盐。

10.4.1.2　施肥管理

（1）施肥时期。

①秋施基肥。9～10月施入有机肥，以利于有机营养的积累，为翌年枣树的萌芽、花芽分化和开花结果储藏营养。

②催芽肥。北方枣区一般多在4月上旬进行，特别是秋季未施基肥的枣园，此次追肥尤为重要，不但可以促进萌芽，而且对花芽分化、开花坐果都非常有利。

③花期追肥。多采用叶面喷施尿素的方法。及时补充树体营养，提高坐果率，并且有助于果实的生长发育。

④助果肥。以7月中旬为宜，追施氮肥，配合磷、钾肥，满足枣果发育对磷、钾元素的需要，进而提高果实品质。

⑤后期追肥。在8～9月追肥对促进果实成熟前的增长、果重的增加及树体营养的累积尤为重要，特别是结果多的植株更不容忽视。

后期追肥可喷施氮肥并配合一定量的磷、钾肥。

（2）施肥方法。

①全园施肥。在耕地时，将肥料撒在地表，随着翻地将肥料由土壤表层翻入土中。

②放射状沟施肥。又称辐射沟施肥。在距主干30cm左右顺水平根方向挖4～8条放射状沟，沟长至树冠外围，沟宽20～40cm、深20～60cm。

③条状沟施肥。在树冠垂直投影内外，挖宽20～30cm、深40cm的条状沟，每年更换位置，可机械化操作。适用于宽行密植的枣园。

④穴状施肥。在树冠垂直投影内外，均匀挖穴，要求肥料不要接触枣树的根，与根系有一定距离（1m左右），待枣树生长到一定程度后才能吸收利用。

⑤穴储肥水。在树冠垂直投影处里侧，间隔0.5m左右挖圆形穴3～6个，直径25cm左右，深35cm左右，穴内垂直放入经10%尿素液或鲜尿充分浸泡的草把（长30cm左右，直径20cm左右），将肥料与土壤混合均匀后填到草把周围，踏实，并覆膜。

（3）施肥量。施肥量因目标产量、土壤、品种、树龄、树势等的差异而有所不同。枣园基本施肥量：4～5年生初结果树，每年每株施有机肥20kg左右，过磷酸钙1kg左右，尿素0.2kg左右；6年生以后盛果期的树，每年每株施有机肥50kg左右、氮磷钾复合肥和尿素各0.25kg左右。一般每生产100kg鲜枣，全年施纯氮1.5kg、五氧化二磷1kg、氧化钾1.3kg，其中有机肥应占14%左右，以维持或提高土壤有机质及微量元素的含量。

10.4.1.3　水分管理

（1）浇水时期。

①发芽期浇水（催芽水）。一般在4月上中旬发芽前后进行，可促进根系生长及枣树对营养的吸收转运，以利于萌芽和枣头、枣吊等的生长及花芽分化。

②花期浇水（助花水）。花期对土壤水分比较敏感，缺水花易枯

萎，影响坐果。一般在5月下旬至6月上旬浇透水，保持空气湿润，提高保花保果率。

③幼果速长期浇水（保果水）。幼果速长期缺水，枝叶和幼果争夺水分，易造成幼果萎蔫，影响枣果产量和质量。此期浇水一般在7月上旬结合追肥进行。

④果实膨大期浇水（促果水）。果实膨大期需水量最大，浇透水对于提高产量和质量很关键。此期浇水一般在7月下旬至8月上旬结合追肥进行。

⑤休眠期浇水（封冻水）。一般在土壤冻结前进行，既能防旱御寒，又可促进肥料分解，利于翌年树体和花芽的发育。

（2）浇水方法。

①地面漫灌。通过引水渠将灌溉水引入树行、树盘进行灌溉，灌畦、灌沟的长度不宜超过12m。

②小沟快流灌溉。在树两侧距树干约60cm处沿树行方向挖灌水沟，灌水沟采用倒梯形断面结构，上口宽20～30cm，底宽15～20cm，沟深15～20cm。

10.4.2　整形修剪

枣树容器大苗已具备基本树形，建园移栽后的修剪以保持良好树体结构为主，使树体枝叶密度适中，通风透光，并通过对结果枝的更新以维持较长的结果年限和较强的结果能力。修剪遵循以疏枝为主、疏截结合、去密留疏、去强留弱的原则，按照原来枝系分布的情况，将过密枝、交叉枝、纤弱枝、病残枝、无用的徒长枝等均自基部疏除，使留下的大枝形成层次、方位、伸展角度合理的骨干枝系，改善各部位的通风透光状况，逐年培养健壮的枝组以丰满树体，提高产量。

具体整形修剪技术见10.2.3.2。

10.4.3　花果管理

要想使枣树早结果、多结果，一是在花期前对发育枝、二次枝进行摘心，抑制枝条生长；二是花期喷水，提高空气湿度；三是喷洒赤霉素，保证坐果稳定，喷洒时间以盛花期每一枣吊平均开花4～6朵为宜；四是枣园放蜂。为有效减轻落果，可在采前30～40d连喷2次萘乙酸。详见10.2.3.3。

10.4.4　病虫害防控

萌芽前喷1遍3～5波美度石硫合剂，5～7月每隔15～20d喷1遍溴氰菊酯加灭幼脲，防治枣瘿蚊、枣步曲、枣芽象甲等害虫。8月以后，喷2～4次多菌灵或三唑酮或石灰等量式波尔多液，防治枣锈病、枣炭疽病等。

具体病虫害防控技术见10.2.3.4。

第11章
柿容器大苗培育及高效建园关键技术

11.1　主要栽培品种

早熟朱柿

来源>>原产于我国，山西、陕西多地均有分布。

单果重>>36.34g

可溶性固形物>>19.02%

特征特性>>果实小，圆球形至卵圆形，果皮橙红色至朱红色，皮厚，有光泽，果粉中多，质地细，品质上等，宜鲜食，果实无纵沟、无锈斑、无十字沟，果顶钝尖。汁液极多，味浓甜。硬果期31d，耐储运，果实软化后不皱缩、不裂果（图11-1）。

图11-1　早熟朱柿

阳丰

来源>>原产日本，1992年引入我国，现山西、陕西、湖北、河南、河北等16省份均有栽培。

单果重>>平均190g

可溶性固形物>>17.65%

特征特性>>果实大小整齐，扁圆形，果顶广圆，橙红色。果皮细腻，果粉中等无纵沟，无缢痕，或有浅缢痕，状若花瓣。果肉无褐斑，味甜松脆，果实软化后肉质黏，汁液中等多，硬果期20～35d（图11-2）。

图11-2　阳丰

鸡心黄柿

来源>>原产我国，分布于陕西省三原县、富平县等地。

单果重>>120g

可溶性固形物>>16.3%

特征特性>>果实中大，心脏形。脱涩后，果皮、果肉均呈鲜红色。肉质嫩滑多汁，味甜，有柿香，无核，品质佳（图11-3）。

图11-3　鸡心黄柿

11.2　柿容器大苗培育

11.2.1　育苗容器与基质

　　容器的选择与填充详见第2章。育苗容器的大小取决于育苗地区、育苗期限、苗木规格、运输条件以及定植条件等。在保证育苗效果的前提下，为降低成本，尽量采用小规格容器，在条件恶劣的地区育苗可适当加大容器规格。柿树容器大苗一般选择容积大于40cm（直径）×40cm（高度）的容器。宜采用圆柱形塑料控根容器或加厚无纺布袋容器。

　　基质配制：腐熟的玉米秸秆粉、园土、牛粪、珍珠岩的体积比为3.5：3：2：1.5，每立方米腐熟的玉米秸秆粉、园土和珍珠岩的混合物中，加入颗粒缓释肥4kg、微量元素肥0.5kg，水的加入量以使混配基质的含水量达到60%～80%为宜。复配基质盖上塑料膜堆制24～48h。

消毒选用灭菌灵或百菌清等杀菌剂。将杀菌剂和水以1∶（1 000～1 500）的体积比混合配成杀菌液；每立方米混合基质中加入100～150mL进行消毒。

11.2.2 苗木选择

选择品种纯正、根系发达、侧根分布均匀、生长健壮、无病虫害的2年生柿嫁接苗定植在容器中进行培育。将苗木栽入容器内时，保证苗木根系舒展，用土压实。栽植深度以苗木原土印为准，不可过深或过浅。

11.2.3 苗木管理

11.2.3.1 肥水管理技术

（1）施肥管理。施肥原则：实行平衡施肥，鼓励测土施肥，因土因树制宜，施足基肥，减少施肥次数；基肥以腐熟有机肥为主，化肥为辅。

柿树对肥料的需要以钾肥最多，氮肥其次，磷相对最少，且全年呈相对稳定状态。8月下旬应注意多施钾肥。对幼树进行轮状施肥。

（2）水分管理。可采用滴灌方式浇水，每棵树安装2～3个滴头，栽植后浇1次透水，隔2d再浇1次，生长期视土壤墒情适时浇水。

11.2.3.2 整形修剪技术

（1）主要树体结构。

①自由纺锤形。干高60～80cm，树高3.5m左右。中心干通直生长，其上均匀错落着生8～12个主枝。主枝不分层，上下重叠主枝间距不小于80cm。主枝开张角度70°～80°，主枝上不着生侧枝，直接着生背斜侧结果枝组。下层主枝较大，并向上依次减小，树冠呈纺锤形。

②自然开心形。自然开心形适合干性较弱的品种。主干高度60～80cm，无明显的中心干，树高2.5～3.5m，一般主枝3～5个，错落着生，相邻主枝间隔30cm左右，主枝开张角度45°～50°，向斜上方自然生长，各主枝间生长势相对平衡，每个主枝错落着生2～4个侧枝，主侧枝上着生结果枝组。主枝平衡生长，侧枝层性明显。

③变则主干形。主干高度50～80cm，有明显的中心干，其上错落着生4～5个主枝，不分层，最上部主枝以上落头开心，相邻主枝间隔50cm左右，主枝与中心干的夹角为40°～60°，每个主枝上配备1～2个侧枝。

④疏散分层形。干高60～80cm，中心干通直生长，树高3.5～4m，主枝在中心干上成层分布，第一层主枝3～4个，第二层主枝2～3个，全树主枝不超过7个。同层主枝层内间距20～30cm，层与层之间保持80cm的距离。主枝开张角度50°～60°，主枝上着生3～5个侧枝，主侧枝上着生背斜侧生结果枝组，下层主枝较大，上层主枝渐小，树冠呈圆锥形或半椭圆形。

（2）整形修剪方法。

①幼树修剪。根据树体结构的要求，选择部位、角度合适的枝条分别留作主枝、侧枝。对被选留的主枝剪留40～45cm，侧枝剪留30～35cm；也可进行"目伤"，促发新枝。各级骨干枝的延长枝在适当部位短截，以便扩大树冠，增加分枝。对冠内发育枝少疏多截，培养结果枝。密植栽培的柿树，应采取拉枝和施用生长抑制剂等致矮措施，为早期丰产奠定基础。

②结果期树修剪。初结果树的各级骨干枝的延长枝继续短截，扩大树冠，开张主、侧枝角度，控制辅养枝。采取先放后缩和连续长放的方法，培养结果枝组。采取环刻、环剥、喷植物生长调节剂等促花措施，形成花芽，达到早期丰产的目的。

11.2.3.3 花果管理技术

（1）疏蕾。从结果枝上第一朵花开放至第二朵花开放结束，是疏蕾的最适期。保留结果枝基部向上第2～3朵花的2～3个花蕾，并将此段以上的花蕾全部疏去。刚开始结果的幼树，将主、侧枝上的所有花蕾全部疏掉，使其充分生长。

（2）疏果。疏果宜于生理落果即将结束时的7月上中旬进行。疏果时应注意叶果比，20～25片叶子有1个果实是最合适的结果量；并应注重留下的果实的质量，将发育不良的小果、萼片受伤的畸形果、病虫果等疏去。

（3）喷施植物生长调节剂及微肥。盛花期喷30mg/L赤霉素或0.3%硼砂；为提高坐果率，幼果期喷2～3次500mg/L赤霉素或1%钼酸铵、1%硝酸钴等微量元素以减少落果；4月下旬新梢速长前喷施1 000～1 500mg/L多效唑2次，每次间隔10d；也可在秋季或早春萌芽前进行土施，按干径1cm施1g的标准施入，可使新梢生长量降低30%～40%，成花率提高20%～30%。

11.2.3.4 病虫害防控技术

（1）柿主要病害及防治。

①柿角斑病。主要危害叶片和柿蒂，最初于叶面产生黄绿色至浅褐色不规则病斑，病斑扩展后颜色加深，边缘由不明显至明显，后形成深褐色边缘黑色的多角形病斑，长2～8mm，上具小黑粒点。柿蒂染病多发生在蒂周缘，呈褐色或深褐色，边缘明显或不明显，由蒂尖向内扩展，发病重的引起落叶和落果。菌丝体常在残留病柿蒂上越冬。一般7月下旬至9月发病，降雨多、树势衰弱时发病重。

防治方法：一是减少越冬病原。冬季与早春彻底清除树上和落地的病蒂及病叶，集中烧毁。二是加强果园管理，提高抗病能力。低洼的果园做好开沟排水工作，降低果园湿度，增施有机肥，改良土壤，合理修剪，促使树势健壮。三是进行化学防治。于谢花后开始喷药，隔10～15d再喷1～2次。药剂可用80%代森锰锌可湿性粉剂800倍液，或70%甲基硫菌灵可湿性粉剂800倍液，或25%咪鲜胺乳油1 000倍液，或10%苯醚甲环唑水分散粒剂1 000～1 500倍液。

②柿炭疽病。主要危害新梢和果实，也侵染叶片。5月下旬至6月上旬新梢染病，先在表面产生黑色圆形小斑点，后变暗褐色，病斑扩大呈长椭圆形，中部稍凹陷并现褐色纵裂，产生黑色小粒点，

天气潮湿时涌出红色黏状物，病斑长10~20mm，其下部木质部腐朽，病梢极易折断。果实染病，多发生在6月下旬至7月上旬，也可延续到采收期，初在果面产生针头大小深褐色至黑色小斑点，后扩大为圆形或椭圆形，稍凹陷，外围呈黄褐色，直径5~10mm；中央密生轮纹状排列的小黑点，遇雨或高湿时，溢出粉红色黏状物质。叶片染病多发生于叶柄和叶脉，初呈黄褐色，后变为黑褐色至黑色，长条状或不规则。高温高湿利于发病，雨后气温升高或夏季多雨年份发病重。

防治方法：一是减少越冬病原。结合冬季修剪，彻底剪除病枝梢，扫除园中的落果、病枝及病叶，集中烧毁。二是进行化学防治。柿树发芽前喷5波美度石硫合剂1次。于4月下旬、5月上中旬、6月中旬各喷一次药。药剂可选用25%咪鲜胺乳油1 000倍液，或80%代森锰锌可湿性粉剂600~800倍液。

③柿圆斑病。主要危害叶片，也能危害柿蒂，造成早期落叶，柿果提前变红、变软并脱落。叶片染病后初生圆形小斑点，正面浅褐色，边缘不明显，随后病斑转为深褐色，中部稍浅，外围边缘黑色，病斑周围出现黄绿色晕环。后期病斑上长出黑色小粒点，严重者仅5~8d病叶即变红脱落，留下柿果。后柿果亦逐渐转红、变软、大量脱落。柿蒂染病形成圆形褐色病斑，发病时间较叶片晚。

防治方法：一是清洁柿园。秋末冬初及时清除柿园的大量落叶，集中深埋或烧毁，以减少初侵染源。二是加强栽培管理。增施基肥，干旱柿园及时灌水。三是及时喷药预防。一般在6月上中旬柿树落花后子囊孢子大量飞散前喷洒1：5：500波尔多液，或70%代森锰锌可湿性粉剂800~1 000倍液，或65%代森锌可湿性粉剂500倍液，或50%多菌灵可湿性粉剂600~800倍液。如果能够掌握子囊孢子的飞散时期，集中喷一次药即可；但在重病区第一次喷药后半个月再喷一次效果更好。

④柿黑星病。主要危害叶、果和枝梢。叶片染病，初在叶脉上生黑色小点，后沿脉蔓延，扩大为多角形或不定形，病斑漆黑色，周围色暗，中部灰色，湿度大时背面出现黑色霉层，即病菌分生孢

子盘（图11-4）。枝梢染病，初生淡褐色斑，后扩大成纺锤形或椭圆形，略凹陷，严重的自此开裂呈溃疡状或折断。果实染病，病斑圆形或不规则，稍硬化呈疮痂状，也可在病斑上龟裂开，病果易脱落。

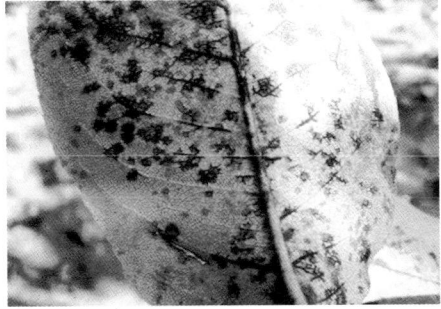

图11-4　柿黑星病

　　防治方法：一是在秋末冬初结合清园彻底清除病枝梢，全园柿树涂刷石硫合剂以减少侵染源。二是进行药剂防治。在柿树发芽前喷1次5波美度石硫合剂，或在新梢长至5～6片新叶时喷0.3～0.5波美度石硫合剂1～2次。从5月初病梢初现至8月上旬，每隔15～20d喷1次药，连喷2～3次。常用药剂有70%代森锰锌可湿性粉剂600倍液，或50%甲基硫菌灵可湿性粉剂500～800倍液。另外，也可在5月中旬喷0.5%尿素液2次，6月中旬至7月上旬喷0.2%～0.3%磷酸二氧钾2次，可减轻发病程度。

　　（2）柿主要虫害及防治。

　　①柿斑叶蝉。成虫、若虫在叶背刺吸汁液，叶面呈现许多小白点。严重时斑点密集成片。受害严重的能造成柿树早期落叶，削弱树势，使产量下降。

　　防治方法：在6月上中旬一、二代若虫发生期喷药防治，可以使用10%吡虫啉可湿性粉剂2 000～3 000倍液，或5%啶虫脒微乳剂2 000～2 500倍液，或25%噻虫嗪水分散粒剂4 000～6 000倍液，或4.5%高效氯氰菊酯水乳剂2 000～3 000倍液，或10%虫螨腈悬浮剂1 000～2 000倍液等。

　　②柿长绵蚧。主要寄主为柿、黑枣。以若虫及雌成虫吸食柿叶、枝及果实汁液。在河北、河南、山东、山西、陕西1年发生4代，在广西1年发生5～6代。以初龄幼虫在2～5年生枝的皮缝中、柿蒂上越冬。主要靠接穗和苗木传播。

防治方法：应抓紧前期越冬代出蛰及一代若虫孵化期的防治。每年2月中旬以后刮除树干老翘粗皮，摘除残留的柿蒂并集中烧毁；利用黑缘红瓢虫等防治；萌芽前全树喷洒5波美度石硫合剂消灭越冬幼虫；5月上中旬及孵化盛期喷50%敌敌畏乳油1000倍液或毒死蜱。

③柿蒂虫。发生普遍，是柿树的主要害虫，危害果实后会造成果实早期变软脱落，降低产量。柿蒂虫一年发生两代，4月中旬化蛹，5月上旬至6月上旬越冬代成虫出现，5月下旬一代幼虫开始危害果实，8月为危害盛期。成虫白天静伏叶背阴暗处，夜间活动，一代幼虫孵化后，一头幼虫可危害4～6个幼果，二代幼虫危害果肉，造成被害果肉提前变红变软脱落。

防治方法：一是冬季至发芽前刮除病树皮，消灭越冬若虫。二是幼虫害果期即6月下旬，摘除病果，减少二代幼虫发生基数。三是8月中旬前，在刮过树皮的枝干上绑草环，诱集老熟幼虫进入过冬，冬天解下草环烧毁。四是5月和7月两代幼虫盛发期，喷施80%敌敌畏乳油1000倍液，或50%马拉硫磷1000倍液，或20%氰戊菊酯乳油3000倍液防治。

11.2.4 苗木出圃

苗木出圃前应按照LY/T 1886的规定进行质量检验，并按照相关规定进行检疫。生长健壮、无病虫害、无损伤，并达到表11-1规定指标的苗木为合格苗。

表11-1 柿容器大苗合格苗指标

苗龄	纺锤形				小冠疏层形			
	干粗(cm)	树高(m)	冠径(m)	主枝数(个)	干粗(cm)	树高(m)	冠径(m)	主枝数(个)
1(2)～3年	≥2	≥2	≥2.5	5～6	≥2.5	2.0～2.5	≥3.0	≥3
1(2)～4年	≥3	≥2.5	≥3.0	10～15	≥3.5	2.5～3.0	≥3.5	≥5

注：干粗指嫁接口以上10cm处的主干直径。

11.3　柿容器大苗高效建园关键技术

传统大田建园方式栽植的柿树嫁接苗侧根少，苗木质量差，且在起苗移栽过程中，根系较易受到伤害，影响苗木移栽成活率，移栽后缓苗期长，建园效率低。目前国内柿苗培育建园仍沿用传统方法，成园周期长。另外，柿树具有深根性，不易发侧根且根伤后难以恢复的特点，而利用容器育苗法育成的苗木根系特别发达，根量可成倍增加。另外，容器大苗建园移栽时可带原土，不易伤根系，成活率高，且移栽不受季节限制；定植后无缓苗期，能有效防止根部感染，苗木生长迅速，可提早1～2年投产，使用控根容器也可以减轻根系转圈缠绕现象（图11-5）。

图11-5　柿容器大苗建园

11.3.1 品种选择

品种选择根据柿园的立地条件、气候特点、栽培目的、经营规模而定。交通方便、城镇附近或工矿区，主要供应鲜食果实，应选择果大、色艳、味美、质优、脱涩容易的鲜食品种。交通不便的偏远山区，以加工柿饼为栽培目的，则应选择果实中等大、果形整齐、果面平滑、出饼率高、饼质好的品种。经营规模小的，宜在同一园内选用2～3个成熟期大体一致的品种。经营规模大的则应不同成熟期的品种合理搭配，以延长供应期。秋季温度较高的地区，能满足晚熟品种或甜柿成熟期对积温的需要，则可选用晚熟品种或甜柿品种。秋季温度低、生长期短的地区，则应选择成熟较早的品种。

11.3.2 园地选择

柿树适应性强，对地势要求不严格，不论山地、平地或沙荒地均能生长。但最好选择土层深厚、肥力中等、pH 6.5～7.5、排水良好的壤土或沙壤土作为建园地点。选择气候适宜、地势平坦、阳光充足、灌溉排水方便、无污染源、交通方便的地块，场地应平整，忌选易积水的低洼地和风口处。

11.3.3 授粉树配置

一般认为，柿多数品种不需授粉即可单性结实。若栽植授粉树后，所结果实有种子反而降低了果实品质。但有的品种进行授粉后而未受精能结成无籽果，称为刺激性单性结实；有的品种受精后种子中途退化而成为无籽果，称为伪单性结实。这两种情况需要栽授粉树，以增加产量。

11.3.4 栽植技术

（1）栽植时期。我国南方秋冬季节温暖，雨水较多，土壤湿润，柿树宜在秋季落叶后的11～12月栽植。秋栽有利于根系伤口愈合及早期与土壤密切接触，恢复吸水功能，使翌春萌芽早，生长较快。

北方冬季寒冷，干燥地区可在春季土壤解冻后的3月栽植。相对温暖地区可秋栽也可春栽，但以秋栽为好。

（2）栽植密度。柿树栽植株行距应根据园地的地势、土层、品种特性、栽植方式与栽培技术而定。一般滩地、土层深厚肥沃地建园，可按4m×6m或6m×8m的株行距定植；丘陵、土层较薄的园地，可按4m×6m或5m×6m的株行距定植；山地栽植应视梯田面宽窄略有变化，通常单行栽植，株距4～5m，栽在梯田外部1/3处。

柿有早结果早丰产的特性，因此，可计划密植，待树冠相接后逐步缩伐或间伐。实行柿粮间作时可按株距6m、行距20～30m栽植，最好南北行向，以减少农作物遮阴时间，提高光能利用率。

柿密植有利于早丰产和早收益。据报道，株行距3m×4m栽植的26.67hm²磨盘柿，栽后4～8年生每公顷产量分别为1 306.6kg、6 678.7kg、10 275.9kg、31 208.3kg和45 650.8kg。株行距2m×3m栽植的1.4hm²托柿，4～5年生每公顷产量分别为26 722kg和42 125kg。

（3）提高栽植成活率的措施。长途运输的苗木，栽前清水浸泡24h，使其吸足水分。适时栽植，使苗木根系向四周伸展且与土壤紧密接触。

栽后做好树盘，灌透水，水渗后用细土覆盖。干旱地区树盘覆地膜1m²，外高内低呈漏斗形，便于雨水渗入，蓄水保墒。及时定干，减少苗木水分蒸发。栽植当年加强肥水管理及病虫害防治。

11.4　栽培管理技术

11.4.1　土肥水管理

11.4.1.1　土壤管理

柿树对土壤适应性强，但加强土壤管理仍是丰产的措施之一。为了使柿树根系生长深广，增加吸收空间，除栽植时开深沟或挖大穴外，栽植后还应深翻扩穴。对于成年树，应进行秋耕或深刨，耕刨深度20～30cm，并避免损伤大根。

春季柿园树下覆膜可提高地温，减少土壤水分蒸发；树盘覆草能保持土壤水分、稳定地温、增加土壤有机质、改善土壤团粒结构，还能防止杂草滋生。因此，覆膜和覆草均能促进根系生长，有利于地上部生长和结果，宜在北方干旱地区推广应用。幼园和柿粮间作园可在行间种植矮秆作物如花生、甘薯和豆类。并注意清除杂草，防止草荒。

11.4.1.2　施肥管理

我国栽培的柿树，传统上不单独施肥灌水，只在对间作作物的肥水管理中使柿树受益。柿具有强树、壮枝结果的习性，树势衰弱是低产和大小年结果的主要原因，为了丰产稳产，需要施肥灌水。

（1）柿树施肥特点。柿树根系的细胞渗透压低，所以施肥时浓度要低，最好分次少施，每次施肥浓度应在10mg/kg以下，浓度高容易使柿树受害。

柿树需氮肥和钾肥多，一年中，柿树在7月以后对钾的吸收比氮和磷显著得多，果实近成熟时更甚，因此，前期以氮肥为主，后期增加磷、钾肥的用量，尤应注意施钾肥。缺钾会使果实发育不良，果个变小，但钾肥过多会使果皮粗糙，外观不美，肉质粗硬，品质不佳。据测定，10月富有柿吸收氮、磷、钾的比例为10∶2.4∶18.5。柿树需磷肥较少，施磷效果不太明显，过多施用有抑制生长的可能。

（2）施肥量。应根据品种、树龄、树势、产量和土壤营养状况来确定。1年生柿树一般每株年施肥量为氮、磷、钾各50g，镁25g，以后施肥量逐年增加。5年生柿树每株年施肥量为氮200g、磷150g、钾200g和镁100g。到盛果期后，施肥量保持一定的水平，成龄柿园（每亩产量为1 700kg）每株年施肥量为氮和钾各8.4kg，磷和镁各4.7kg。

（3）施肥时期和方法。柿树基肥一般在采果前后（9～12月）结合深翻或秋耕施入。有条件的宜在采果前施基肥，此时根系尚处于生长期，叶片也具有光合能力，早施基肥根系伤口愈合能力强，可增强叶片光合作用，有利于冬前树体养分积累。基肥以有机肥为主，如畜禽粪肥、堆肥等，掺入少量化肥。基肥施肥方法有环状沟施、条沟施、放射状沟施，也可2～3年进行一次全园撒施。追肥一年要进行多次。根据树体生长和结果情况，在枝叶停长至开花前、生理落果高峰后、果实第一次迅速膨大期及果实着色前追肥2～3次。追肥以化肥为主，前期常施氮肥，后期施磷、钾肥。追肥多采用放射状沟施或穴施。根外追肥一般在花期及生理落果期每隔半个月喷一次0.3%～0.5%尿素液，生长季后期可喷0.3%～0.5%磷酸二氢钾或0.3%～0.5%过磷酸钙浸出液，也可喷0.5%～1.0%硫酸钾或0.5%～1.0%氯化钾。根外追肥应尽量与喷药结合进行，以节省劳力。

11.4.1.3 水分管理

柿树需水量较大。在生长期内，需水量多的时期是新梢生长期、幼果膨大期和着色后的果实膨大期。土壤水分不足常导致果实萎缩、枝叶萎蔫和落花落果。因此适时灌水十分必要。柿树灌水时间视土壤干旱程度和降水情况而定。我国北方春季干旱少雨而多风，应在萌芽前灌水，促进枝叶生长及花器发育；在开花前后灌水利于坐果，防止落花落果。在施肥后灌水，可及时吸收利用养分。灌水量幼树每株为50～100kg，成年树每株为100～150kg。传统灌水方法有盘灌、沟灌、畦灌、穴灌等，近年来有喷灌、渗灌、滴灌、微喷灌等自动化节水灌溉。在无灌溉条件的山旱地柿园，可树盘覆膜或覆草保墒。

11.4.2 整形修剪

柿树适宜的树形主要有主干疏层形、自然开心形和变则主干形，应根据品种特性、栽植密度及地形等综合因素选择树形，具体见11.2.3.2。

11.4.3 花果管理

花果管理技术包括疏蕾、疏果、喷施植物生长调节剂及微肥等。具体见11.2.3.3。

▌11.4.4 病虫害防控

防治原则与方法：以预防为主，充分利用自然界抑制病虫害的因素，以农业防治为基础，合理利用化学防治、生物防治、物理防治等措施，经济、安全、有效地控制病虫害，同时，要把有可能产生的有害副作用降低到最低程度。

在加强肥水管理的基础上，合理修剪，合理负载，提高树体的营养水平与抗病虫能力，同时注意及时清洁果园，切断病虫流行途径。根据害虫的生物学特性采取糖醋液、黑光灯、黄板、性诱剂诱杀等方法防治虫害。同时在化学防治的过程中注意保护天敌。

具体病虫害防控技术见11.2.3.4。

第12章
山楂容器大苗培育及高效建园关键技术

12.1　主要栽培品种

晋甜红

来源>>山西省农业科学院果树研究所选育而成。

单果重>>11.2g

特征特性>>果实近圆形，大小整齐一致。果皮鲜红色，果点较少，果肩稍平，呈多棱状。果肉粉红至浅粉色，味甜酸，肉质细软，品质中上（图12-1）。

图12-1　晋甜红

大金星

来源>>辽宁省农业科学院园艺研究所选育而成。

单果重>>平均12.6g

特征特性>>中熟，果皮深红色，具有蜡质光泽，果点大而稀，锈黄色。果肉绿白色，肉质致密，滑糯，肉厚，甜酸适口，较耐储藏。鲜果加工成干片，出干率35.6%（图12-2）。

图12-2　大金星

大五棱

来源>>山东省临沂市平邑县天宝镇自然实生单株。

单果重>>24.3g，最大31.6g

特征特性>>果实巨大，长圆形，
果皮全面鲜红，有光泽，果点小
而稀，果肉黄白色，肉质细嫩，
味甜微酸，不面不苦不涩，鲜美
可口。高抗炭疽病、轮纹病、白
粉病等，较耐瘠薄，抗干旱，适
应性很强，丰产稳产。10月中下
旬成熟（图12-3）。

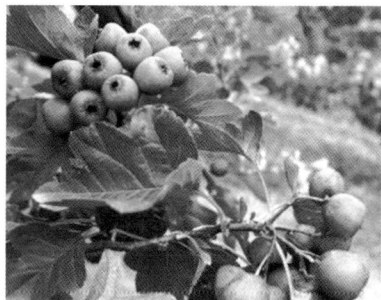

图12-3　大五棱

大绵球

来源>>山东临沂、费县、平邑等
地的农家品种。

单果重>>平均10.5g

特征特性>>早熟，果实扁圆形，
果皮橙红色，果点较大，果肉橙
黄或浅黄色，肉质较松软，甜酸
适口，品质上乘，可食率85.1%，
适于鲜食和加工利用（图12-4）。

图12-4　大绵球

12.2　山楂容器大苗培育

12.2.1　育苗容器与基质

容器的选择与填充详见第2章。山楂的根系发达，容器大苗培
育应选择透气性好的塑料盆、美植袋、控根容器等。规格一般为口
径30～40cm，深30cm。

山楂容器大苗培育使用的基质要求疏松、透气、保水性好。常用的基质包括腐叶土（质地疏松、肥力较高，适合山楂育苗）、河沙土（透气性好、保水性强，但肥力较低，需要加入有机肥料以增加肥力）、有机肥料（如堆肥或绿肥，可以提供必要的养分，促进苗木生长）。山楂在湿润而排水良好的沙质壤土上生长最好，营养土可用腐叶土、园土、河沙、有机肥按4∶4∶2∶1的比例配制，混合均匀即可。

12.2.2 苗木选择

苗木品种要纯正，与建园要求的品种相符合。苗木嫁接口处愈合良好，嫁接口以上5cm处直径达到1cm以上，苗高达到1m以上。无枝干病虫害及损伤等。枝条成熟度高，芽体饱满。苗木差别较大时，按大小分类。种植时分类种植，以便于管理。山楂苗木的选择可参照表12-1。

表12-1 山楂苗木等级规格指标

项目	等级	
	一级	二级
基本要求	品种和砧木类型纯正，无检疫对象和严重病虫害，无冻害和明显的机械损伤，侧根分布均匀舒展，须根多，接合部和砧桩剪口愈合良好，根和茎无干缩皱皮	
高度（cm）	≥100	80～90
地径（cm）	≥1.0	0.8～0.9
根系	根系发达，须根多，有利于苗木的成活和生长	根系和分枝情况较一级苗木稍差，但仍然具有一定的生长潜力
分枝	有一定的分枝数，通常有3～5个分枝	

12.2.3 苗木管理

12.2.3.1 肥水管理技术

（1）施肥管理。山楂施肥主要包括基肥、花期追肥、果实膨大前期追肥和果实膨大期追肥。基肥：以有机肥为主，配合一定量的化学肥料。氮肥占年施用量的50%左右，磷肥约占年施用量的80%，钾肥用量一般为每株0.25～2kg硫酸钾或0.25～1.5kg氯化钾。花期追肥：以氮肥为主，一般为年施用量的25%左右，相当于每株施用尿素0.1～0.5kg或碳酸氢铵0.3～1.3kg。也可配合施用适量磷、钾肥。

山楂需要的氮、磷、钾比例一般为1.5∶1∶2。具体用量需根据土壤养分供应能力、树龄、品种特点等因素灵活确定。

（2）水分管理。山楂容器大苗的水分管理至关重要，需要根据苗木的生长阶段和环境条件进行适时调整。在生长旺盛期，应保证充足的水分供应，以促进苗木的快速生长，但同时要避免过度灌溉而导致水分积聚，以防止根部病害的发生。在干旱季节，需要增加浇水频率，保持基质湿润，在雨季要确保良好的排水，避免长时间积水。此外，山楂容器大苗对水分的需求也受到气温和湿度的影响，高温干燥环境下需水量会增加，低温或高湿环境需水量减少。浇水时最好在早晨或傍晚进行，以减少水分蒸发损失，确保水分有效到达根部。通过合理的水分管理，可以促进山楂容器大苗的健康生长，提高其抗逆性和生长质量。

12.2.3.2 整形修剪技术

对于生长3年以内的幼树，修剪时应采用先促后缓、冬夏结合的修剪方法。修剪原则：1～3年生幼树，对所有枝条应采取中、重短截，多截不疏，使其多发壮枝，丰条扩冠，再采取成花措施，达到早结果之目的。这一时期修剪要点：适当疏除生长过密或与骨干枝发生竞争的枝条。对主、侧枝条适度短截，平行生长的中庸枝条，有空间也应轻短截，增加分枝数，扩大结果部位，无空间的可缓放不截，提早结果。山楂几种常见树形的培养技巧如下：

（1）疏散分层形。

①树体结构。具有明显的中心干，主枝分层排列，形成立体结构，有利于树体的通风透光，提高果实品质。整形时，重点培养4～5个主枝，每个主枝上再培养2～3个侧枝，形成明显的层次结

构。修剪时，要保证每个主枝和侧枝之间有足够的空间，以利于光照和空气流通。

②培养技巧。第1年，重点是培养和确定主枝。定植后，选择4～5个分布均匀、生长健壮的枝条作为主枝，剪去其1/3～1/2的长度以促进分枝，并疏除其余弱小和过密的枝条。同时，确保主枝之间有足够的空间，以便于未来侧枝的培养和树冠的扩展，为良好的通风透光条件打下基础。

第2年，在第一层主枝之上80cm处，选择2～3个壮枝作为第二层主枝，确保这些主枝与第一层主枝错开，避免重叠和拥挤，以保持良好的通风透光条件。对新选留的主枝进行角度调整，通过拉枝或撑枝使其开张，以充分利用空间并促进光照均匀分布。对第二层主枝上的枝条进行适度短截，以促进分枝和扩大结果部位。对于过密或与骨干枝发生竞争的枝条，应适当疏除，以保持树形的通透性。

第3年，继续完善树形，促进结果枝组的形成。具体来说，需要在距第二层主枝60～80cm处，选留2～3个壮枝，培育成第三层主枝。这样，通过3年的整形修剪，便形成骨架牢固，树形开张，树冠紧凑，内膛充实，大、中、小枝疏散错落生长的疏散分层形丰产树。同时，要注意对各级骨干枝上的萌蘖、冬剪刺激隐芽萌发的徒长枝进行管理，有生长空间的应摘心促生新的分枝，培养成紧凑型的结果枝组，没有生长空间的徒长枝尽早直接疏除。

（2）多枝开心形。

①树体结构。主干高度的随意性较大，养干的时间随整形带高低不同而异。整形时，通常于定植后的冬季在40cm以上之处留8～10芽截干；第2年以60～100cm为整形带，选择5～6个强壮枝条作为主枝，其余枝条随即疏去；第3年在各主枝上用短截法培养侧枝，一般3年成形。

②培养技巧。第1年，重点是培养强健的主干和分布均匀的主枝。应选择4～5个生长健壮、分布均匀的枝条作为主枝，通过短截中心干来促进主枝的生长，并保持它们之间的适当距离以确保通风

透光。同时，对主枝进行轻度短截，以促进侧枝的萌发和形成，为后续的树形发展打下基础。此外，应注意疏除过密的枝条，以避免内部通风不良。通过这些措施，可以为山楂树后续的生长和结果打下良好的基础。

第2年，继续培养主枝和合理布局树冠。首先，应保证主枝的均衡发展，对选定的主枝进行适当的短截，以促进其生长和扩展树冠。其次，需要注意疏剪过密的枝条，以保持良好的通风透光条件。同时，对树冠内部的枝条进行适度回缩，以促进新枝的萌发和结果枝组的形成。此外，还应适当疏除竞争枝和交叉枝，以维持树冠内部的合理空间结构。通过这些修剪措施，可以促进山楂树形成紧凑的树冠结构，提高结果效率。

第3年，继续培养主枝和侧枝，同时开始培养结果枝组。首先，对主枝的延长枝进行适度短截，以促进其生长和扩展树冠。其次，选择和培养2～3个侧枝，使其均匀分布在主枝上，形成良好的树形结构。此外，要注意疏剪过密的枝条，特别是交叉、重叠或病弱的枝条，以保持良好的通风透光条件。同时，对生长过旺的枝条，可以适当进行回缩，以促进树势的平衡和结果枝组的形成。通过这些修剪措施，可以促进山楂树的健康成长和早期丰产。

（3）自然开心形。

①树体结构。没有直立的中心干，而是在主干上错落有致地分布着3～4个主枝，主枝着生角度为45°～50°，各主枝向外延伸扩大树冠。每个主枝上再分别着生2～3个侧枝，侧枝与主枝的夹角为40°～50°，以确保良好的通风透光条件，使结果枝组能够均匀分布在主枝和侧枝的四周，形成中心开放而稍扁平的圆形树冠。

②培养技巧。第1年，定干和选留主枝。在苗木定植后，首先在离地面40～60cm处定干，剪去顶端，以促进主干下部的芽萌发。然后在萌发出的芽中，选择3～5个生长健壮、分布均匀、角度适宜的芽作为主枝培养，通过夏季摘心或冬季短截来控制其生长，促使主枝向四周均匀扩展，形成良好的树冠骨架。同时，注意疏除过密的枝条，保证树体内外通风透光，为早期形成丰产树形打下基础。

　　第2～3年，继续扩大树冠并开始培养结果枝组。需要对主枝进行适度短截，以促进其延长枝的生长和扩展，同时在主枝的适当位置选择生长健壮的分枝作为侧枝培养，通过疏剪和短截相结合的方法，调整主侧枝之间的生长平衡，保持良好的树冠通风透光条件，为早实、丰产打下良好的基础。此外，对于过密的枝条要适当疏剪，以利于树体内部的通风透光，促进树体健康和果实品质的提升。

12.2.3.3　花果管理技术

　　花果管理技术包括疏花疏果、放蜂授粉、合理施肥等。

　　（1）疏花疏果。通过疏除过多的花芽和花枝，以及发育不良的花，可以减少营养浪费，提高坐果率。疏果通常在坐果后或生理落果后开始，对于结果新梢粗壮的，每花序可以保留7～8个果；中庸结果枝每花序保留3～4个果；细弱结果枝条不留果。这样可以确保果实充分获得养分，提高果实的产量和品质。

　　（2）放蜂授粉。在开花前5d左右，可以通过投放壁蜂茧等方式提高授粉率，从而提高山楂树的坐果率。

　　（3）合理施肥。山楂树的需肥特点表明，其对微量元素肥料的需要量较少，主要靠有机肥和土壤提供。当有机肥施用较多时，可不施或少施微量元素肥料。基肥以有机肥为主，配合一定量的化学肥料。花期追肥以氮肥为主，果实膨大前期追肥主要为花芽的前期分化改善营养条件，果实膨大期追肥以钾肥为主，配施一定量的氮、磷肥。

12.2.3.4　病虫害防控技术

　　（1）山楂主要病害及防治。

　　①山楂白粉病。主要危害叶片、新梢和果实，导致受害部位形成白色粉状物，严重时受害部位枯死或脱落。

　　防治方法：清扫落叶并烧毁，注意田园卫生。在发芽前和发病初期喷施己唑醇或戊唑醇等杀菌剂。

　　②山楂炭疽病。主要危害果实，病果表面初现淡褐色圆形病斑，后逐渐扩大，果肉软腐下陷，病斑颜色深浅交错。

　　防治方法：一是剪除病枝和清理果园中残留的病果病叶，集中深埋或烧毁，以减少越冬病原。二是增施有机肥和钾肥，合理修剪，保证通风透光，使树体生长健壮，增强抗病力。三是进行化学防治。3月中旬萌芽前，可喷1∶1∶100波尔多液清园。发病初期可喷洒43%戊唑醇2 000倍液+25%吡唑醚菌酯1 500倍液，或45%咪鲜胺1 500倍液+70%甲基硫菌灵700倍液等进行防治。

③山楂锈病。危害叶、新梢、果实等，初生橘黄色小圆斑，后扩大，后期叶片背面长出肉芽状长刺，形成毛刺群。严重时，树势衰弱，叶片全部掉落。

防治方法：砍除周围转主寄主，发芽前在转主寄主上喷施杀菌剂，山楂发病初期喷施三唑类杀菌剂。

④山楂轮纹病。主要危害果实，病斑近圆形，初为红褐色，后为褐色，逐渐扩展为同心轮纹形病斑，病部果肉软腐，最终导致全果腐烂。

防治方法：谢花后1周喷80%多菌灵800倍液，以后在6月中旬、7月下旬、8月上中旬各喷1次杀菌剂。

⑤山楂花腐病。危害幼叶、新梢、花朵和幼果，染病部位发生腐烂并脱落，发病严重会导致树体绝产。

防治方法：早春将果园普遍深翻10cm，埋压病菌子囊盘，并于萌芽前全园喷洒3~5波美度石硫合剂进行预防。发病初期及时喷洒苯醚甲环唑或戊唑醇、吡唑醚菌酯等药剂。

（2）山楂主要虫害及防治。

①桃小食心虫。主要危害果实，以幼虫蛀食果肉（图12-5），排出粪便，在果核和虫道内充满"豆沙馅"，使山楂的果实品质降低。

防治方法：在早春越冬幼虫出土前，将树体根颈基部土壤扒开，刮除贴附表皮的越冬茧，清除树盘内的杂草及其他覆盖物，整平地面，减少越冬虫源。越冬幼虫出土始盛期，进行地面防治，喷洒50%辛硫磷乳油100

图12-5 桃小食心虫

倍液，每公顷用药7.5～11.25kg，喷后及时松土划锄。成虫产卵盛期，树上可喷30%氰戊·马拉松乳油2 000倍液或20%氰戊菊酯乳油2 000～3 000倍液，重点喷果实萼洼处，每隔10～15d一次，连喷2～3次。发现虫果及时摘除，拾净落地虫果，碾轧或深埋，消灭果内害虫。

②梨冠网蝽。以成虫、若虫群集叶背刺吸叶片汁液（图12-6），被害叶出现黄白色斑点，严重时形成大块褐色铁锈状斑，造成叶片早落，对树势影响较大。

防治方法：冬春季节做好清园工作，彻底清除落叶，翻耕土壤，可大大减少越冬成虫数量。化学防治方面，在一代若虫发生盛期，用20%氰戊菊酯乳油2 000倍液，或4.5%高效氯氰菊酯浮油2 000倍液进行叶面喷雾。

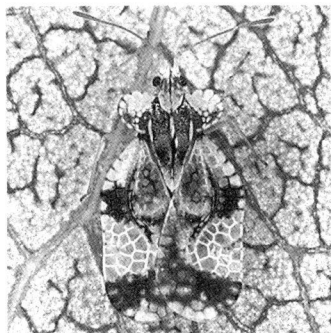
图12-6　梨冠网蝽

③舟形毛虫。以幼虫取食山楂叶片，大发生时将山楂叶片吃光，严重影响山楂树的生长。

防治方法：采用人工捕杀，也可在大发生时喷2.5%溴氰菊酯2 000倍液或50%辛硫磷1 000倍液进行防治。

④叶螨。整个生长季节均可危害，常群居在叶背和初萌发的嫩芽上吸食汁液（图12-7）。

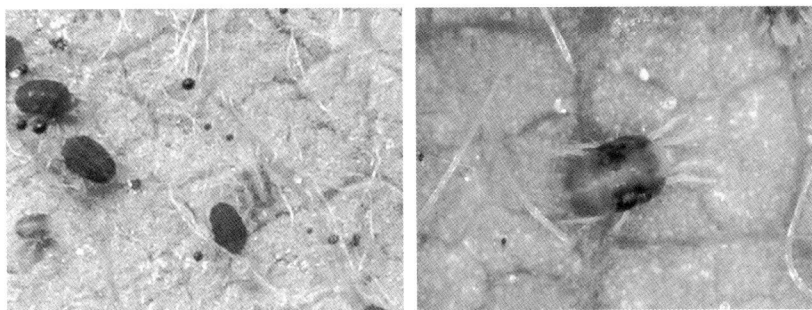

图12-7　叶螨

防治方法：8月下旬进行树干捆草，诱集越冬成虫，翌年解冻前解下烧毁。早春发芽前刮树干老翘皮集中烧毁，消灭越冬成虫，并喷一遍3～5波美度石硫合剂。生长季节抓住3个时期，即越冬成虫出蛰盛期（4月中下旬）、一代若虫期（5月上中旬）及麦收前及时用药，将其消灭在初发期。可喷洒0.3～0.5波美度石硫合剂，或20%四螨嗪悬浮剂2 000～3 000倍液，或73%炔螨特乳油2 000倍液，或25%三唑锡可湿性粉剂1 000倍液，或50%丁脒脲悬浮剂1 500倍液，或50%硫悬浮剂400倍液，或1.8%阿维菌素乳油8 000倍液等，叶背面也要充分喷药。

12.3 山楂容器大苗高效建园关键技术

12.3.1 园地选择

园地选择不易积水的地带，避免在低洼地带、盐碱地带等建园；宜在山坡、平地等光照不受遮挡的地方建园（图12-8）；以土层深厚、肥沃疏松、排水良好的微酸性至中性（pH 5.5～7.5）土壤最佳。

图12-8 山楂容器大苗高效建园

12.3.2 授粉树配置

选择与主栽品种花期相同或相近、亲和力强、花粉量大、授粉效果好的品种作为授粉树。

授粉树与主栽品种的比例应适当，以确保有效授粉。一般推荐的配置比例为1：（4～8），这样可以保证授粉树的数量既能满足授粉需求，又不会过度消耗营养。授粉树应均匀分布在果园中，以保证主栽品种的每个部分都能得到充分的授粉机会。可以采用行间或行内配置的方式，确保授粉树与主栽品种相互交错排列。

12.3.3　栽植技术

（1）确定合理栽植密度。山楂树的合理种植密度取决于多种因素，包括品种特性、土壤条件、管理水平及预期产量等。一般而言，对于普通山楂品种，在土壤条件和管理水平适中的情况下，建议采用株行距为（2～3）m×（3～4）m的种植模式，即每亩种植55～100株。若采用矮化密植栽培，可适当增加种植密度，株行距可缩小至（1.5～2）m×3m，每亩种植110～148株。但需注意加强肥水管理和病虫害防治，以防植株间竞争加剧而影响生长。具体种植密度还需根据当地实际情况灵活调整，例如，在土壤贫瘠或管理水平较低的地块，可适当降低种植密度；在土壤肥沃、管理水平高的地块，可适当提高种植密度。

（2）栽植时期。山楂树的栽植时期通常在秋季落叶后至土壤封冻前，或者是在春季土壤解冻后至萌芽前。秋季栽植有利于苗木根系的恢复和生长，提高翌年春季苗木的成活率；春季栽植可以避免冬季严寒和干旱对苗木的影响，尤其是在冬季气候较为严酷的地区。无论选择秋季栽植还是春季栽植，都应确保栽植后的管理措施到位，如适当的修剪、浇水和施肥，以促进苗木的健康生长。

（3）栽植技术。在挖定植穴时，应确保穴的直径和深度都比山楂树的根系幅度和深度大20～30cm，以便于根系的舒展。这样的空间允许根系扩展并有助于提高成活率。定植穴应挖在土层深厚、排水良好的地方。如果土壤条件不理想，如土层浅薄或土壤黏重，需要进行客土改良或加厚土层，以改善土壤结构和肥力。

12.4 栽培管理技术

12.4.1 土肥水管理

12.4.1.1 土壤管理

土壤瘠薄的果园和沙滩地果园，要深翻改土或深翻客土，加厚土层，以利于根系生长发育，促进地上部的生长和提高山楂抗旱能力，为幼树早产丰产和大树高产稳产创造条件。

有条件的地方改良土壤应在栽树前进行，栽树前未进行土壤改良的可连年深翻扩穴，结合客土施肥，逐年向外扩大，直到株行间打通为止。为防止连年深翻伤根太重而影响地上部生长，可以在树冠周围有计划地分次连年交替深翻，除扩穴外，还可隔行深翻和通翻。深翻可在定植后的第2年开始，春季发芽前或秋季采果后封冻前进行，一般秋季深翻较好，伤根恢复快。深翻深度一般为60～80cm。

除深翻外，要在春、夏、秋三季进行树盘松土，群众称刨园，刨园可以熟化土壤，除虫保墒，并结合刨园随时刨除地下根蘖。松土深度通常20cm左右，秋季适当深些，春、夏季浅些。

12.4.1.2 施肥管理

（1）施肥原则。以基肥为主，追肥为辅，重施秋肥，酌施春肥，巧施夏肥。

（2）施肥时期。山楂树施肥一般分作基肥和追肥两种。基肥最好在晚秋果实采摘后及时施入，这样可促进树体对养分的吸收积累，有利于花芽的分化。追肥分为花期追肥、果实膨大前期追肥和果实膨大期追肥。

（3）施肥量。山楂树的施肥量应根据树龄、生长情况以及土壤肥力来确定。一般来说，成年山楂树每年每株的施肥量为：氮肥（N）0.25～2kg，磷肥（P_2O_5）0.3～1kg，钾肥（K_2O）0.25～2kg。这些肥料的比例大约为1.5∶1∶2。

①基肥。以有机肥为主，配合一定量的化学肥料。基肥中化肥的用量：氮肥约占年施用量的50%，相当于每株施用尿素0.25～1kg或碳酸氢铵0.7～5kg；磷肥约占年施用量的80%，相当于施用含五氧化二磷16%的过磷酸钙1～5kg；钾肥用量一般为每株0.25～2kg硫酸钾或0.25～1.5kg氯化钾。开20～40cm深的条沟施入，注意不可离树太近，先将化肥与有机肥或土壤进行适度混合后再施入沟内，以免烧根。

②花期追肥。以氮肥为主，一般为年施用量的25%左右，相当于每株施用尿素0.1～0.5kg或碳酸氢铵0.3～1.3kg。根据实际情况也可适当配合施用一定量的磷、钾肥。结合灌溉开小沟施入。

③果实膨大前期追肥。主要为花芽的前期分化改善营养条件。一般根据土壤的肥力状况与基肥和花期追肥的情况灵活掌握。土壤较肥沃，基肥和花期追肥较多的可不施或少施，土壤较贫瘠，基肥和花期追肥较少或未施的应适当追施。施用量一般为每株0.1～0.4kg尿素或0.3～1kg碳酸氢铵。

④果实膨大期追肥。以钾肥为主，配施一定量的氮、磷肥，主要是促进果实的生长，提高山楂的糖含量，提高产量，改善品质。每株果树钾肥的用量一般为0.2～0.5kg硫酸钾，配施0.25～0.5kg碳酸氢铵和0.5～1kg过磷酸钙。

⑤根外追肥。以无机肥为主。根外追肥适宜的浓度为：尿素0.3%～0.5%，过磷酸钙1%～3%，硼肥0.1%～0.5%，磷酸二氢钾0.3%～0.5%，草木灰液4%左右。可单独施用，也可混合施用。

⑥绿肥。果园间作绿肥投入少、见效快，能有效增产。常用的绿肥有毛叶苕子、草木樨、紫花苜蓿、紫穗槐等。可直接将鲜嫩的枝、草埋于山楂树下，也可沤制后再施入树下。

在施肥时，还应考虑当地的气候条件、土壤肥力水平以及山楂树的具体生长情况，以实现最佳的施肥效果。同时，注意微量元素的补充，如硼、锌、锰、铁等，这些元素对山楂树的健康生长也非常重要。

12.4.1.3 水分管理

山楂树的灌水量依品种和砧木特性、树龄大小、土质、气候条件而有所不同，容器大苗灌水量应根据实际情况增加。一般应抓好如下6个时期的灌水。

萌芽前期：春季山楂树萌芽之前，需要浇一次水以促进新芽的萌发和春梢的生长。

春梢期：春梢开始迅速生长时，需要充足的水分供应以促进枝梢的抽发。

定果期：花谢后坐果时期，需要加强水分供应以保住幼果，减少落果。

膨果期：幼果迅速生长时期，需要充足的水分以保证幼果膨大和花芽分化。

复壮期：采收后，树体需要恢复，此时灌溉有助于树势的恢复。

越冬前期：在冬季来临前，适当的灌溉有助于山楂树安全越冬，并为翌年的春芽萌发提供水分。

12.4.2 整形修剪

修剪时，应重点去除病弱枝、交叉枝、徒长枝以及内向生长的枝条，以促进通风透光，减少病害发生；同时，保留强壮的外侧枝条，以利于形成丰满的树冠和提高结果率。通常在休眠期进行修剪，注意剪口要平滑，避免伤害树皮，以利于伤口愈合，并在修剪后适当施肥，以促进树势恢复和新枝生长。具体见12.2.3.2。

12.4.3 花果管理

在花果期，需要适时进行疏花疏果，去除病弱花和畸形果，保留健康、长势良好的花果，以合理分配树体养分，提高果实的商品性。同时，要保证充足的水分和养分供给，特别是在果实膨大期，需要增施磷、钾肥，促进果实均匀着色和提高含糖量，增加果实硬度，减少裂果和病虫害的发生。此外，适当的修剪也有助于改善通风透光条件，促进果实着色和提高品质。在果实成熟前，适时采收也是保证山楂果实品质的重要措施。通过这些综合管理措施，可以有效提高山楂的产量和品质，增加种植效益。具体见12.2.3.3。

▍12.4.4 病虫害防控

山楂病虫害防控需要采取综合防治策略。首先，加强果园管理，提高树体抗病性。其次，定期巡园，及时发现病虫害，并采取针对性的防治措施。注重生物防治、物理防治和化学防治相结合，保护利用天敌，悬挂杀虫灯，使用低毒高效绿色农药。

具体病虫害防控技术见12.2.3.4。

第13章
杏容器大苗培育及高效建园关键技术

13.1　主要栽培品种

河北大香白杏

单果重>>平均120g，最大180g

可溶性固形物>>13.6%

特征特性>>鲜食，果大，果皮薄，底色黄白，阳面着红晕，肉质细腻，汁液充沛，香味浓郁，酸甜适口，离核，甜仁，品质极佳。果实6月中下旬成熟，较耐储运（图13-1）。

图13-1　河北大香白杏

甘肃金妈妈杏

单果重>>平均46.3g，最大达60g

可溶性固形物>>14.2%

特征特性>>果实近圆形，果顶圆，缝合线明显而浅，两侧片肉对称。果皮底色橙黄，阳面有鲜红晕，并有深红色斑点；果肉橙黄色，肉质细软，味甜多汁，半离核，甜仁。果实6月下旬成熟，发育期80d左右（图13-2）。

图13-2　甘肃金妈妈杏

山西永济红梅杏

特征特性>> 果实未熟透时，其
色半红半绿。被阳光直射的一
面为红色，不被直射的一面为
绿色或浅黄色。果实圆如小球，
略小于乒乓球，果面光滑、细
腻（图13-3）。

图13-3 山西永济红梅杏

沙金红杏

特征特性>> 果大，呈扁圆形，
果面底色橙黄，阳面紫红色。
果肉橙黄色，质地致密，汁液
中多，仁苦。生食、制脯均宜
（图13-4）。

图13-4 沙金红杏

13.2 杏容器大苗培育

13.2.1 育苗容器与基质

杏苗木质量直接影响栽植成活率的高低和建园的成败，还影响
树势强弱、结果早晚以及产量和品质。因此，发展杏产业必须重视
优质杏苗木的培育。

容器的选择与填充详见第2章。杏树的根系分布通常较深，因
此选择容器时要确保深度足够，至少应达到40～60cm，以便根系能
够充分发展。容器的直径也很重要，通常选择直径为30～60cm的
容器较为合适。较大的容器能够提供更多的生长空间，有助于根系
的健康生长。确保容器底部有足够的排水孔，以防止积水导致根部
腐烂。选用透气性好的容器有助于保持根系健康，避免根系缺氧。

杏树容器育苗的基质配制至关重要。以下是一种常见且有效的基质配制：40%园土（提供基本的矿物营养和维持结构的稳定性）、30%腐叶土（提高基质的有机质含量，改善保水和透气性）、20%沙土（增强排水性，防止积水引起的根部腐烂）、10%珍珠岩或蛭石（增加基质的疏松性，改善排水和透气性）。

13.2.2 苗木选择

选择品种纯正、根系发达、无病虫害的2年生杏苗定植于容器中进行培育。将苗木栽入容器内时，保证苗木根系舒展，用土压实。栽植深度以苗木原土印为准，不可过深或过浅。杏苗木的选择可参照表13-1。

表13-1 杏苗木等级规格指标（轮台小白杏标准体系）

项目	等级	
	一级	二级
干		
苗高（cm）	≥130	≥100
干粗（cm）	≥1.5	≥0.8
接合部	充分愈合	
芽	主干上40～60cm茎段内有8个以上饱满芽	主干上40～60cm茎段内有6个以上饱满芽
主根长度（cm）	≥30	≥25
侧根		
数量（条）	≥4	≥3
长度（cm）	≥20	≥10
粗度（cm）	≥0.4	≥0.3
根、干损伤	无劈裂，表皮无干缩	

13.2.3 苗木管理

13.2.3.1 肥水管理技术

（1）施肥管理。杏树和其他果树一样，需要的营养物质有两大类：一类是有机营养，包括氨基酸、蛋白质、糖类、磷脂等，一类是无机营养，即氮、磷、钾等矿质元素。

杏容器大苗培育以氮肥、磷肥、钾肥为基础，添加腐殖酸、螯合态微量元素肥料、增效剂、土壤调理剂等。根据当地杏树施肥现状，综合各地杏树配方肥配制资料，建议氮、磷、钾总养分量为35%，氮、磷、钾比例为1：0.41：0.78。

追肥可采用腐殖酸包裹尿素、增效尿素、腐殖酸型过磷酸钙、缓释磷酸二铵、大粒钾肥、含腐殖酸高效缓释复混肥（15-5-20）、腐殖酸涂层BB肥（18-10-17）、有机无机复混肥（14-6-10）等。

可根据杏树生育情况，酌情选用含腐殖酸水溶肥、含氨基酸水溶肥、含海藻酸水溶肥、氨基酸螯合微量元素水溶肥、活力钙叶面肥、活力钾叶面肥等进行根外追肥。

（2）水分管理。杏树的灌水量依品种和砧木特性、树龄大小、土质、气候条件而有所不同，容器大苗灌水量应根据实际情况增加。一般应抓好如下4个时期的灌水。

杏花芽开始萌动期：在3月底至4月初，这是杏树生长周期中的第一次重要灌水时期。这次浇水可以保证杏树开花整齐一致，促进枝条顺利生长，防止落花落果，提高坐果率，同时还可以推迟开花2～3d，有利于避过晚霜危害。

杏果硬核期：在6月上中旬，这是杏树生长周期中的第二次重要灌水时期。此期正是花芽分化盛期，也是鲜食杏的需水临界期。若此期干旱少雨，则会引起大量生理落果，影响第2年的花芽形成，对当年和第2年杏果产量均有不利影响。

杏果采收后：在7月中下旬，这是第三次灌水时期。这次浇水可以保证花芽正常分化和枝条的生长、老化与成熟。如果此期多雨，则可不浇水。

土壤封冻前：这是第四次灌水时期，结合施基肥灌封冻水，尤其是在冬季少雪地区，灌封冻水可以提高花芽抗寒力和花芽分化质量。

13.2.3.2　整形修剪技术

基本修剪方法包括短截、疏剪、回缩、缓放、弯枝、伤枝等，杏几种常见树形的培养技巧如下。

（1）自然圆头形。

①树体结构。干高40～50cm，主枝5～6个，树高4～5m。第一层主枝3个，向不同方向延伸，基部主枝开张角度50°～60°，每个主枝选留2个侧枝，侧枝间距离约50cm。

②培养技巧。第1年，苗木栽植后，选择一个强壮且直立的芽作为未来的中心干。在距离地面60～80cm的高度处剪截，以促进主干的生长。在第1年的生长季节，允许苗木自然生长出几个主枝。选择3～5个分布均匀、生长角度适宜的主枝。避免选择生长过密或相互交叉的主枝。去除生长过密、交叉或病弱的枝条，以改善树冠内的通风和光照条件。对选定的主枝进行短截，即剪去枝条长度的1/3～1/2，以促进分枝和增加枝量。通过短截主枝，促进侧枝的发展。侧枝有助于增加树体的结果面积。保持侧枝与主枝之间的角度，避免过度直立，以维持良好的树形。第1年修剪时，避免过度剪除枝条，以免削弱树势。适度修剪有助于苗木的健康生长和树形的培养。

第2年，继续培养中心干，确保其在树冠中保持优势地位，但要注意不能让其生长过快，以免抑制其他枝条的生长。对主枝和侧枝进行适度短截，通常剪去一年生枝的1/3～1/2，以促进分枝和增加结果枝。疏除过密、交叉、病弱或生长不良的枝条，以改善通风透光条件。

第3年，杏树已经进入结果期，此时的修剪目标是维持良好的树形结构，平衡树体的生长与结果，以及提高果实的产量和品质。检查树体的整体结构，确定需要修剪的区域，特别是影响光照和通风的部分。继续培养中心干，保持其生长优势，但避免让其过度生长而影响其他枝条的受光。对主枝进行适度短截，以维持其生长活力和结果能力。

（2）变则主干形。

①树体结构。干高40～50cm，全树5个主枝，基部3个邻近分布，层内距30cm。主枝开张角度60°～70°，基部3个主枝各留2～3

个侧枝，上层主枝只留一个侧枝。

②培养技巧。第1年，苗木栽植后，选择一个强壮且直立的芽作为未来的中心干。在距离地面60～80cm的高度处剪截，以促进主干的加粗生长。保持中心干的生长优势，确保其直立且无竞争枝。在中心干上选择3～5个分布均匀、生长强健的主枝。这些主枝将成为树体的主要支撑结构。主枝的选择应考虑它们之间的距离和角度，以确保树冠的均衡发展。

第2年，在修剪前，先评估树体的整体结构，确定需要修剪的区域。继续培养中心干，保持其直立和生长优势，但避免让其过度生长。对主枝进行适度短截，以维持其生长活力和结果能力。疏除过密或交叉的主枝，以改善树冠内部的光照条件。

第3年，确保中心干保持直立且无竞争枝，继续作为树体的中心支柱。对主枝进行适度短截，以促进其生长和结果。注意保持主枝之间的平衡，避免某些主枝过度生长。疏除过密或交叉的主枝，以改善树冠内部的光照和通风条件。鼓励在主枝上形成和维持结果枝组，它们是树体结果的主要部位。对结果枝组进行适度修剪，以保持其生长活力和结果能力。

（3）延迟开心形。

①树体结构。干高60cm，在中心干上均匀错落着生5个主枝。第一层3个主枝，每个主枝配备2个侧枝，第二层2个主枝，无侧枝，直接着生枝组。层间距80cm，层内距30cm，最上部一个主枝呈斜生或水平方向。

②培养技巧。第1年，培养同变则主干形。

第2年，维持中心干的生长，但要开始为未来的开心形结构做准备，即逐渐减少中心干的顶端优势。继续培养选定的主枝，确保它们在树冠中分布均匀，角度适宜。对主枝进行适度短截，以促进侧枝的形成和树冠的扩张。鼓励在主枝上形成侧枝和结果枝组，这些是树体结果的主要部位。对于有潜力的结果枝组，进行适度修剪，以保持其生长活力和结果能力。

第3年，培养技巧主要为维持树形。

13.2.3.3 花果管理技术

杏容器大苗在第3年培育期间，部分品种会进入结果初期。花果管理包括花期喷水、花期追肥、花期防冻、疏果等技术措施。

（1）花期喷水。在花期风沙严重的地区，大风携带泥沙常将柱头吹干并涂满泥沙，影响授粉效果。在盛花期喷水，使柱头保持湿润，可显著提高坐果率。喷水时应尽量使水滴呈雾状，避免影响传粉昆虫的活动。

（2）花期追肥。在开花前半个月左右，以速效氮肥为主进行追肥，追肥量根据树势、树龄、土壤等情况调整。追施方法：在树盘开浅沟后将肥料施入，施后立即封土，随后浇水。

（3）花期防冻。通过涂白主干和主枝、枝干喷水、喷施抗霜药剂等方法预防冻害。

（4）疏果。疏果在落花后半个月至硬核期以前进行，先疏除病虫果、畸形果和小型果，再摘除过密果，使留下的果均匀分布在枝上。

13.2.3.4 病虫害防控技术

（1）杏病虫害综合防控技术。

①农业防治。一是加强土肥水管理。通过合理的施肥、灌溉和排水，保持土壤的适宜湿度和营养状况，以促进杏树健康生长。二是及时修剪清除病虫枝。定期修剪病虫枝和枯枝，及时清理果园内的枯枝落叶，减少病菌的滋生地，同时也有利于树冠内部的通风和光照，减少病虫害的发生。三是果园翻耕除草。山地果园、间作果园或草荒地果园通过冬春翻树盘、铲除杂草等措施，可以破坏害虫的生存条件，降低果树的成虫数量。四是人工除虫。冬、春季节细致刮皮，或人工用硬毛刷子刷除越冬虫态，或用硬质器物直接将越冬虫态压死。

②生物防治。保护和利用杏园中的多种害虫天敌，可以有效控制杏树上的害虫数量。还可以利用生物农药和性信息素防治病虫害。

③物理防治。果园悬挂杀虫灯、粘虫板等诱杀害虫。

④化学防治。在树干上涂抹石硫合剂或波尔多液，可以有效消

灭病菌，防止病害的发生。病虫害防治适期喷洒高效低毒绿色农药。

（2）杏主要病害及防治。

①杏疔病。又称杏黄病、红肿病，真菌性病害。主要危害新梢、叶片，也可危害花和果实。新梢染病节间缩短，其上叶片变黄，变厚。叶片染病后叶柄变短，变粗，基部肿胀，节间缩短（图13-5）。花染病，病花多不易开放，花苞增大，花萼、花瓣不易脱落。果实染病生长停滞，果面生淡黄色病斑，上有红褐色小粒点，病果后期干缩脱落或挂在树上。

图13-5 杏疔病

防治方法：一是结合冬季修剪，剪除病枝、病叶、病果，彻底清扫地面枯枝、落叶、落果，运出果园深埋或烧毁。二是在春季萌芽前喷1～2次1：5：200波尔多液，从杏树展叶期开始，每隔15d左右喷1次70%甲基硫菌灵可湿性粉剂700倍液，或50%多菌灵可湿性粉剂600倍液，或70%代森锰锌可湿性粉剂700倍液，或30%碱式硫酸铜悬浮剂400～500倍液，或14%络氨铜水剂300倍液等药剂。

②杏树流胶病。由病菌侵染、伤口及不适环境等共同作用引起，主要影响枝干和果实。发病时自枝干的树皮或伤口裂缝处流出柔软的胶状物，与空气接触干燥后呈坚硬的琥珀状胶块（图13-6）。被害部下皮层及木质部常被腐生菌侵染，后腐烂成褐色。

图13-6 杏树流胶病

防治方法：增强树势，提高树体的抗病能力。避免造成伤口，刮除病部，并在刮除处涂抹石硫合剂或波尔多液。

③杏树根腐病。主要发生在杏树的根部，初期症状为根部出现棕褐色病斑，逐渐扩展并在主根部位发生溃疡，导致根部腐烂。病情严重时，叶片变黄掉落，最终导致整株死亡。该病通常从5月上

旬开始表现症状，7～8月高温多雨季节发病迅速，病菌通过雨水及土壤传播。

防治方法：避免过量灌溉，防止积水。使用生物菌剂或甲霜灵等药剂灌根。

（3）杏主要虫害及防治。

①蛾类。杏星毛虫、毒蛾等的幼虫取食杏树的叶片和嫩梢，受害叶片出现缺刻或孔洞，严重时可导致早期落叶或整株树的叶片被吃光，影响杏树的生长和果实产量。

防治方法：在幼虫孵化盛期，喷洒化学农药，如氯虫苯甲酰胺、灭幼脲等。注意轮换使用不同作用机制的农药，以防止害虫产生抗药性。

②杏象甲。成虫啃食新梢和叶片，幼虫在土壤中取食杏树根。

防治方法：一是人工捕捉。在成虫活动期，人工捕捉并杀死成虫。二是喷药防治。在成虫出土期，喷洒敌敌畏、马拉硫磷等农药防治。

③杏叶蝉。成虫和若虫刺吸叶片汁液，导致叶片出现黄斑或干枯。

防治方法：清除杂草，减少叶蝉的藏身之处。使用吡虫啉等进行防治。

④螨类。成螨和若螨在叶片上吸食汁液，导致叶片变黄、干枯。

防治方法：一是使用哒螨灵、炔螨特等农药进行防治。二是释放天敌，如瓢虫、捕食螨等。

13.3　杏容器大苗高效建园关键技术

13.3.1　园地选择

园地宜选择地势较高、地下水位较低、不易积涝的地方，避免低洼地、地下水位高的地方。以土质疏松、排水通畅、酸碱度近中性至微碱性的沙质壤土地块为佳。不宜在晚霜发生频繁的地块建园。建园时还应根据经营类型选择园址。

13.3.2 授粉树配置

大多数杏树自花结实率低，需要通过配置授粉树来确保充分授粉，从而提高产量和果实品质。搭配授粉组合时，还应注意花期的一致性、授粉亲和性以及是否能够相互授粉。

主栽品种与授粉品种比例为（3～4）∶1，授粉品种以放射线式栽植为宜。授粉品种不宜单一配置，应选择4～5个品种互相授粉或等量栽植，才能达到授粉的效果。如果几个主栽品种可以互相授粉也可以等量种植。

13.3.3 栽植技术

（1）确定合理栽植密度。在确定杏容器大苗高效建园的合理栽植密度时，需要考虑多个因素，包括品种特性、砧木种类、地势、土壤、气候条件、管理水平等，杏园株行距采用（2～3）m×（4～5）m较为合适。在肥水充足的地区可以采用3m×5m的株行距，在肥水较差的山地和沙滩地建议采用2m×4m的株行距。杏树栽植密度可参考表13-2。

表13-2 杏树栽植密度参考

立地条件	株距（m）	行距（m）	密度（株/亩）
丘陵、山地	2	3～4	83～111
平原地区	3	4～5	44～55

（2）栽植时期。杏栽植主要有两个时期。一是在秋季落叶后至土壤封冻前，具体时间为10月中旬至11月中旬。秋季栽植的优点是苗木在冬季之前有一段时间来适应新环境，并且有足够的时间恢复根系，为翌年春季的生长打下基础。但是，秋季栽植需要注意防止苗木受到冻害，特别是在冬季寒冷的地区。

二是在土壤解冻后至苗木发芽前，具体时间为3月下旬至4月上旬。这个时期，由于土壤开始回暖且湿度适宜，有利于苗木的根系恢复和生长，从而提高成活率。春季栽植的苗木，经过一个生长季，根系可以得到很好的恢复和发展，有利于苗木的成活和生长。

（3）栽植技术。容器大苗栽植时根据确定的株行距，挖深度0.4～0.8m、直径0.4～0.6m的栽植穴。土壤瘠薄的需挖大穴，沙质壤土挖穴适当小些。穴中取出的表土和底土应该分开放置，先在穴底填入1cm厚的碎秸秆，然后将腐熟的优质农家肥与表土混合后回填入定植穴中，每穴施用50kg左右的粪肥或其他有机肥。栽植时将苗木放在穴的中心，理顺根系，用细土掩埋，边填边踩实，将苗栽实栽紧。嫁接口高于地表2～3cm，栽后立即浇足定根水。水渗完后用细土覆盖树干周围，防止水分蒸发。过几天将苗木扶正，进行树盘地膜覆盖，保湿增温，促进苗木发芽及萌发新根。

13.4　栽培管理技术

13.4.1　土肥水管理

13.4.1.1　土壤管理

常采用的深翻改土措施有刨树盘及深翻扩穴，通过深翻扩穴不仅可以疏松土壤、蓄水增肥，在秋冬季节还可以消灭一些重要病虫害。但土壤管理的核心是增加土壤有机质，所以深翻必须结合施用大量有机物，如农作物秸秆、杂草等，有条件时一定要多施有机肥，这样才能增加土壤有机质，达到深翻改土的目的。

合理间作可以提高土地利用率和杏园的经济效益。适宜的间作作物种类有花生、大豆、绿豆等豆科作物，不宜选择高秆作物和与杏树争肥争水突出的作物。间作时应注意留足树盘，定植当年可留出1m宽的树盘，以后随树冠逐年扩大，保证树盘的面积不小于树冠的投影面积。

杏园生草可以减少地表径流，防止山坡地果园的土壤冲刷和侵蚀。将青草刈割翻压入土壤后，可增加土壤有机质。常见的果园草种有沙打旺、草木樨、紫花苜蓿等。

杏园覆草或覆膜是较先进的土壤管理制度，特别有利于表层根的产生与维持，对于土层浅薄的杏园尤为重要。覆草的效果要好于覆膜。覆草即把农作物秸秆、杂草、树叶等覆盖在地面上，厚度为15～20cm。覆草一般在5月中旬至6月中旬进行，在草源缺乏时可采取覆膜的方法。在早春解冻后浇一遍水，将地整平，使近树干处略高，然后覆盖透明地膜。

13.4.1.2　施肥管理

杏树开花早，果实生育期短，应特别注意基肥的施用。在10月结合土壤深翻施入充分腐熟的有机肥，每公顷可施入3万～4.5万kg，施后灌足水。

（1）施肥原则。杏树从萌芽、抽枝、展叶、开花、坐果至果实成熟持续时间短，器官建造多，需肥量较大，因此，追肥应主要集中在春季。进入盛果期的树一般全年保证5次追肥。

（2）施肥时期。

①花前肥。在春季土壤解冻后将以速效性氮肥为主的肥料施入树下，以保证开花整齐一致，授粉受精良好，提高坐果率，促进根系生长和增加新梢的前期生长量。

②花后肥。开花后即施肥，以速效氮肥为主，配合磷、钾肥，提高坐果率和促进新梢生长。

③花芽分化肥。在花芽分化前或者硬核期开始施入，其作用是补充幼果和新梢生长对养分的消耗，促进花芽分化和果实膨大。

④催果肥。果实采收前15～20d施入，主要用速效钾肥，目的在于促进中、晚熟品种果实第二次迅速膨大，提高产量和果实品质，增加含糖量。

⑤采后肥。即采收后施肥，以氮肥为主，配合磷、钾肥，目的是恢复树势、增加树体养分积累、提高越冬抗寒能力。

（3）根外施肥。常用0.3%～0.5%磷酸二氢钾、0.2%～0.4%尿素；如有缺素症状可喷0.2%～0.3%硫酸亚铁、0.1%～0.3%硼酸或硼砂、0.3%～0.5%硫酸锌等。

13.4.1.3　水分管理

杏树虽然抗干旱，但生产上适时合理灌水，可以保证增产增收，丰产优质。一般杏树年周期内灌水4次为好：春季花芽萌动前灌水，果实硬核期灌水，果实采收后灌水，以及杏树落叶后、土壤上冻之前灌冻水。详见13.2.3.1。

13.4.2　整形修剪

若移栽后的杏树处于初果期，该时期杏树的特点为树体生长旺盛，发育枝多，长果枝、副梢果枝增多，枝条缓放易于成花。此期修剪要继续培养好树形，扩大树冠，促使树体尽早进入盛果期。骨干枝延长枝的修剪应选择饱满芽处下剪，剪截后促使萌生3个长枝，主枝延长枝应剪去1/3，侧枝可剪去1/4，促使分枝形成结果枝组。此期一般不疏枝，但对直立强旺、扰乱树形的枝条可以疏除，其余的各类枝多缓放，使之形成串花枝组，增加结果部位。

若移栽后的杏树已进入盛果期，此期修剪的任务是调整生长和结果的关系，维持树势，延长盛果期年限。修剪应掌握"适当重剪，强枝少剪，弱枝多剪，不过密不疏枝"的原则。各级骨干枝的延长枝经数年延伸后，由于结果量的增加，抽生长枝的能力减弱，可以缓放不剪，使之转变成结果枝组。为了保持和增加一定的结果部位，对部分发育枝应及时短截，剪留20～30cm，对偏弱的发育枝剪留15cm，促生分枝，形成新的结果枝组。对衰弱的主侧枝及多年生结果枝组应在强壮的分枝部位回缩更新，抬高角度，恢复树势。对连续多年结果的花束状果枝可在基部潜伏芽处回缩，促生分枝，重新培养花束状果枝。树冠内膛发出的徒长枝应尽量保留利用，可进行生长季摘心，也可冬季重回缩，改造培养成新枝组。

13.4.3　花果管理

（1）配置授粉树。果园内配置授粉树可以提高授粉效果，减少落花落果现象。

（2）人工授粉。在花期遇到不良天气时，如低温、阴雨、大风等，应进行人工辅助授粉，以保证坐果率。

（3）昆虫授粉。通过放养蜜蜂等昆虫进行授粉，提高坐果率。

（4）营养管理。在树势弱、花多且储藏营养不足时，可于坐果后喷施0.3%～0.5%尿素溶液，促进幼果生长，提高坐果率。

（5）疏花。在授粉树配置良好、能够确保坐果率的基础上，结合冬剪，短截多花弱枝，疏除过多花芽。

（6）疏果。在谢花后20～25d开始，即坐果后开始，至硬核前结束。疏除畸形果、小果、病虫果，保留好果。疏果量应根据树体大小、树势、管理水平而定。一般强旺枝营养条件好，宜多留果，弱枝宜少留果，留果间距以5～8cm为宜。

13.4.4　病虫害防控

杏树定植后的病虫害综合防治是确保杏树健康生长和提高产量的关键。根据杏树的生长习性和病虫害发生特点，因地制宜，通过综合运用生态防治、农业防治、生物防治、物理防治和化学防治，将病虫害控制在经济阈值之下。

具体病虫害防控技术见13.2.3.4。

第14章
核桃容器大苗培育及高效建园关键技术

14.1 主要栽培品种

金薄丰1号

来源>>山西省农业科学院果树研究所育成。

单果重/仁重>>平均12.6g/7.9g

出仁率>>62.7%

特征特性>>坚果圆形，易取整仁，果仁充实饱满，种皮浅黄色，肉乳白，味香甜，品质上等。早实丰产，抗病虫害（图14-1）。

图14-1　金薄丰1号

金核1号

来源>>山西省农业科学院果树研究所育成。

单果重/仁重>>12.17g/7.7g

出仁率>>63.28%

特征特性>>果实长卵圆形，易取整仁，果仁饱满，淡黄色，肉乳白，肉质细腻，香味浓，品质佳。抗病性较强，早实丰产（图14-2）。

图14-2　金核1号

京 861

来源>>北京市农林科学院林业果树
研究所从新疆实生后代中选出。
单果重/仁重>>平均11.24g/6.6g
出仁率>>67%
特征特性>>坚果长圆形，可取整
仁，果仁充实饱满，浅黄色，风味
香，品质上等；较抗寒、抗旱，不
抗病（图14-3）。

图14-3 京861

农核短枝

来源>>山西农业大学果树研究所从
汾阳绵核桃实生群体中选育而出。
单果重>>平均15～17g。
出仁率>>57.3%
特征特性>>坚果长圆形，易取整
仁，仁色浅，品质优良，风味香甜；
对细菌性黑斑病、炭疽病有较好的
抗性（图14-4）。

图14-4 农核短枝

14.2 核桃容器大苗培育

14.2.1 育苗容器与基质

　　容器的选择与填充详见第2章。一般情况下，核桃容器大苗的
培育选用19cm×25cm的无纺布容器袋，用其培育的核桃容器大苗各
项生长指标均较优，另外，在26cm×21cm的黑色塑料容器袋中生长
也表现较好。
　　核桃容器大苗育苗基质的配方一般为：40%～50%的泥炭土，

20%～30%的珍珠岩或蛭石，约20%的腐殖土或腐熟有机肥，约10%的沙土，充分混匀后填充到容器内，填充至距容器口3～5cm处，还可以添加适量的肥料或生根剂，以促进核桃苗的生长。

14.2.2 苗木选择

核桃苗木的等级规格指标一般根据苗木的高度、直径、根系情况等进行划分。虽然具体的标准可能因地区和国家而有所不同，但一般核桃苗木的常见等级规格指标可参考表14-1。

表14-1 核桃嫁接苗质量等级
（引自LY/T 3004.3—2018）

项目	特级	一级
嫁接部位以上高度（cm）	≥120	≥90
嫁接口上方直径（cm）	≥1.5	≥1.0
主根长度（cm）	≥25	≥20
>10cm长的一级侧根条数	≥15	≥10

14.2.3 苗木管理

14.2.3.1 肥水管理技术

（1）施肥管理。移栽前，将适量的基肥（如腐熟的有机肥）混入育苗基质中，以提供初期生长所需的养分，另外施入缓释肥料或氮磷钾复合肥（N：P_2O_5：K_2O为1：1：1），每个容器5～10g，确保不造成烧伤。

在生长旺盛期（通常在春季），可进行1～2次追肥。施用氮肥（如尿素）以促进枝叶生长与根系发育。可以配合微量元素（如锌、铁等）进行叶面喷施。每个容器每次追肥时可以施用10～15g氮肥，具体依据基质情况和苗木生长状况调整。施肥后及时浇水以助于肥料溶解。

在移栽后1～2个月内，待略见新根生长后开始施肥。可以选择高磷高钾复合肥，以促进花果的发育。每个容器施用15～20g，根据苗木长势可适量调整。如果土壤缺乏某些微量元素，可以进行叶面喷施，如喷洒含锌、硼等的肥料。

在生长季末，核桃树进入休眠期之前，进行最后一次施肥。以钾肥为主，促进果实成熟和提高抗病能力。可以施用氯化钾。每个容器20g左右，并结合有机肥，增强基质的肥力。施肥后及时灌溉，以促进成熟。

（2）水分管理。核桃容器大苗在不同生长阶段对水分的需求变化较大，合理的水分管理对其健康生长至关重要。

幼苗期需要保持基质微湿，不可过于干燥或积水。

萌芽后要及时补水，保持基质湿润，以促进根系生长，可以每天或隔天轻浇水，避免直接浇灌叶片，以防止病菌滋生，此阶段对水分敏感，过湿或过干都可能导致幼苗生长缓慢或死亡。

生长旺盛期，随着根系的深入和生长，需逐渐增加浇水量。保持基质稍微偏湿，有助于促进健康的叶片和根系生长。根据天气情况（如高温、干旱），每隔3～7d浇水一次，确保基质表层干燥后再进行浇水。确保容器底部有良好的排水孔，避免根系积水，防止造成根腐病。

在施肥后及时浇水，帮助肥料更好地被根系吸收。

14.2.3.2　整形修剪技术

（1）纺锤形。

①树体结构。有中心干，干高1～1.2m，全树有6～7个主枝，分3层。最下层为3个主枝，方位角120°左右，第2层2个主枝，方位应与第1层主枝错开，第3层1～2个主枝，层间距为40～50cm。

②培养技巧。由于核桃新梢生长量大，枝条长，定干低时，所发新梢结果后落地生长，影响成花结果。生产中应注意高定干，定植后在距地面1～1.2m处定干。如所栽苗较小，可采用二次定干法，根据所栽苗的大小，在适当部位短截，在发芽后选壮枝作为中心干延长枝，抹除剪口下20cm外的芽，剪口下20cm以内留3～4个新梢，在新梢长20cm左右时摘心，限制其加长生长，利用其制造的光

合产物辅养树体，促进中心干健壮生长。到秋季树高超过1.4m后，再在距地面1～1.2m处定干。

定干后剪口下30cm为整形带。萌芽后将整形带以下的芽抹除，按所需部位定位留枝，秋季将所留枝拉平，冬剪时中心干在饱满芽处短截，以利于分枝，除中心干外，主枝延长头不需要短截，在主枝上培养斜生、水平的中小型结果枝组。主干旁设立柱，并将主干绑缚在立柱上，以培养直立的中心干。中心干延长枝以下选留1～2个主枝，长30～35cm时摘心。定植后第1～3年，在中心干上每隔30cm左右培养1个主枝，共7～9个，各主枝在中心干上螺旋排列，8～9月将主枝拉平，第4年即可完成整形，进入大量结果期。主枝上直接培养结果枝组或小型侧枝，通过拉枝或增加负载量等办法，控制各主枝的生长势，维持中心干的优势地位。

（2）自然开心形。

①树体结构。没有明显的中心干，不分层次。定干高度在1m以下，3～4个主枝轮生于主干上，各主枝间的垂直距离为20～40cm，主枝可一次选留，也可分两次选留，主枝应倾斜向上，开张角度小于疏散分层形，每个主枝选留向外斜生的侧枝2～3个，以充分利用空间，尽快成形，及早结果。

②培养技巧。2～3年生时，在定干高度以上留出3～4个芽的整形带。在整形带内，按不同方位选留主枝，可一次选留，也可分两次选留。选留各主枝的水平距离应一致或相近，并保持每个主枝的长势均衡。3～4年生时，各主枝选定后，开始选留一级侧枝。由于开心形树形主枝少，侧枝应适当多留，即每个主枝应留侧枝3个左右。各主枝上的侧枝要错生，均匀分布。一级侧枝与主干的距离为0.6m左右。4～5年生时，在第一主枝一级侧枝上选留二级侧枝1～2个；第二主枝一级侧枝上选留二级侧枝2～3个。第二主枝上的侧枝与第一主枝上的侧枝间距为0.8m。至此，开心形的树冠骨架基本形成。

（3）疏散分层形。

①树体结构。有明显的中心干，干高一般为1.2～1.5m，间作

园干高一般为1.5～2m。中心干上着生主枝5～7个，分为2～3层。第一层主枝3个，第二层主枝2个，第三层主枝1～2个。各层主枝上下错开，避免重叠，主枝的基角应大于60°。下面两层主枝间距1.5～2m，上面两层主枝间距0.8～1m。各主枝向外分生2～3个侧枝。

②培养技巧。第1年，定干高度为1.5～2m。土层浅薄、土质较差的土坡地，干高可以稍低，以1.2～1.5m为宜。

第2～3年，中心干和主枝长出一定数量的分枝，选择树冠顶部垂直向上生长的壮枝作为中心干，在中心干上选方位和距离合适的3个壮枝作为第一层主枝。有的健壮苗在定干后的第2年可以开始选留第一层主枝。发枝多的可以一次选留，生长势差，发枝少的，可分两年选留。基部主枝着生带的长度要保持50～70cm。主枝要错落排列，以防将来主枝长粗后对中心干产生"卡脖"现象，影响上部枝条生长，使树势不平衡，甚至造成树冠层次不够。第一层主枝在方位均匀的位置上选留，凡是靠近或相距远的主枝，应在修剪过程中，将枝间距离不均匀的枝引向空旷位置。主枝开张角度要求50°左右。早实核桃在3～4年，晚实核桃在4～5年，可选留第二层主枝，数量为1～2个，晚实树的层间距离为1.5～2m，早实树可以近些。第一层主枝上的侧枝选留时，早实品种一级侧枝在距主干50cm处选留，晚实品种在距主干60～80cm处选留。同级侧枝要在同一旋转方向选留，以免相互交叉遮光。早实品种到5～6年时，晚实品种到6～7年时，继续选留培养基部主枝上的侧枝，同时选留第二层主枝的侧枝以及第三层主枝，第三层主枝一般选1～2个。如果果园不适合用高大树形，此时可不培养第三层主枝。疏散分层形基部主枝的侧枝排列，一级侧枝距主干最少不小于0.6m，同级主枝上的同级侧枝，向同一旋转方向延伸，以防互相交叉；二级侧枝配置在一级侧枝的相对侧，距一级侧枝0.5～0.6m，三级侧枝与一级侧枝留在同一侧面，距离二级侧枝0.8～1.2m。主枝在中心干上的排列位置：在主干整形带0.5～0.7m范围内培养基部三大主枝，再向上距离第三主枝1.5～2m处，配置第四主枝，第五主枝距离第四主枝约0.7m，基部主枝开张角度要求50°左右。同级侧枝排列顺序要合理，如果不得已同级两侧枝交叉时，应使两侧枝一个抬高，一个压低，相互错开，以利于通风透光。

14.2.3.3 花果管理技术

核桃花果管理措施包括保花保果和疏花疏果。

（1）保花保果。

①多留花芽。对花芽少的小年树和强旺树，要尽量保留花芽和幼果，必要时见花芽就留，使其多结果、坐稳果、结大果，以提高产量。因此，在修剪时不要过分强调树形而剪除过多的花芽。

②花期喷硼。硼是核桃不可缺少的微量元素，它能促进花粉发芽、花粉管生长、子房发育，提高坐果率和果实品质。因此，在盛花期细致地对花朵喷一次硼砂300～350倍液加蜂蜜或红糖水，除可满足树体所需要的硼元素外，还可增加柱头黏液，使花粉粒吸收更多的水分和养分，从而提高受精率和坐果率。注意硼砂不溶于凉水而溶于开水，所以硼砂在喷前要先用开水溶化，再兑水喷施。

（2）疏花疏果。疏花疏果的原则：按树定产，按枝定量，按量留花，花多多疏，花少少疏或不疏，使留花留果尽量合理；弱树多疏，壮树少疏，因枝定量，合理负担，抑强扶弱；幼壮枝组少疏，老弱枝组多疏，使之年年有花，年年有果，年年有枝。

疏花疏果的方法包括人工疏除和药剂疏除。

人工疏除：核桃的雄花序花粉量大，且是柔荑花序和风媒花，花粉轻而飞扬远，应疏除90%～95%的雄花序。疏花时多疏细短花序，多留粗长花序。疏果时，多疏双果，或密生部位或细弱果枝上的果。

药剂疏除：大面积的果园，在盛花期喷一次0.4～0.5波美度石硫合剂。

疏除时间：疏花疏果均不宜迟，过迟既增加前期养分的无效消耗，又影响果实发育，起不到应有的作用。因此，疏花宜在盛花期进行，疏果宜在落花后半个月进行。疏花疏果要因地因树而定，不要生搬硬套、株株一个样，要留有余地，不要疏过头。有晚霜冻害的地区和病虫害严重的果园，其留花留果量应比实际需留量多30%～40%，待坐稳果后再行疏果，以便弥补冻害或病虫危害造成的损失。

留果量：通常根据复叶多少或果枝粗度来确定。一般着双果的结果枝需要有5～6片正常复叶，才能保证枝条和果实正常发育。具1～2片复叶的果枝，难以形成花芽，即使结果，果实也发育不良，这种果枝上的果应疏除。核桃是强枝壮枝结果，直径1cm以上的果枝一般能坐果2～3个，直径0.8～1cm的果枝可坐果1～2个，直径0.7cm以下的果枝几乎坐不住果。

14.2.3.4　病虫害防控技术

（1）核桃主要病害及防治。

①核桃炭疽病。叶片上出现水渍状斑点，后变为黑色，果实和枝条也可受影响。

防治方法：一是加强管理，及时清理病残体。在落叶季节及时清除地面上的病叶和病果，减少菌源。增施有机肥和钾肥，提高核桃树的抵抗力，注意氮肥的合理施用，避免过量施用。适量浇水，避免土壤过湿，创造不利于病害发生的条件。二是药剂防治。在病害发生初期，喷洒适宜的杀菌剂，如铜制剂、多菌灵、甲基硫菌灵及噻菌酮等。可以结合天气情况，适时进行预防性喷药，尤其是在潮湿天气或雨后。一些生物农药（如芽孢杆菌等）对防治炭疽病也有一定效果。

②核桃褐斑病。叶片上出现褐色或黑色斑点，严重时导致叶片黄化和脱落。

防治方法：发芽前，树上全面喷洒3～5波美度石硫合剂。展叶后，树上喷洒波尔多液1～2次。雌花开花前后及幼果期，各喷1次3%中生菌素可湿性粉剂600～800倍液。之后，再喷洒波尔多液2次，可基本控制危害。

③核桃根腐病。根部腐烂，表现为树势衰弱、叶片发黄、枯死。

防治方法：发现病株，及时挖除，集中烧毁，防止病害蔓延。对无病苗木可撒草木灰、石灰或适量硫酸亚铁于根际土壤，以抑制病害的发生。植株生长衰弱时，应扒开根部周围的土壤检查根部，如发现菌丝和小菌核，应先将根颈部的病斑用利刀刮除，然后用1%硫酸铜液消毒伤口，或用50%甲基硫菌灵500~1 000倍液浇灌苗木根部，再用石灰撒施于树体基部和根际土壤。刮下的病组织及从根周围扒出的病土要带到园外深埋，并换新土覆盖根部。

④核桃白粉病。叶片上出现白色粉状物，影响光合作用。

防治方法：发病初期可喷洒1∶1∶100石灰等量式波尔多液，共喷3次，每10~15d喷1次。夏季用0.2~0.3波美度石硫合剂，或50%甲基硫菌灵800~1 000倍液，或25%三唑酮500~800倍液喷雾，共防治2~3次，每次间隔10d。

（2）核桃主要虫害及防治。

①蚜虫。蚜虫（图14-5）通过刺吸核桃的汁液，导致树体生长受到抑制。受害的叶片会出现黄化、卷曲或萎缩，严重影响树体的光合作用。蚜虫的排泄物在果实表面形成黏腻层，吸引其他害虫（如蚂蚁、黄蜂等），同时引起霉菌生长，导致果实的质量下降。

图14-5 蚜虫

防治方法：定期清理果园内的病虫残体和落果，破坏蚜虫的栖息和繁殖环境。使用高压水枪冲洗叶片，设置黄色粘虫板诱杀蚜虫，还可以引入天敌，如瓢虫、草蛉等捕食蚜虫的天敌，控制蚜虫的数量。在蚜虫发生初期，使用针对性的杀虫剂，如噻虫嗪、啶虫脒等进行防治。

②螨类。害螨通过刺吸植物的汁液，导致叶片失去水分和养分，造成叶片黄化、干枯和脱落（图14-6）。

防治方法：栽植时保持适当的树间距和行间距，促进通风透光，创造不利于害螨滋生的环境。发现害螨时可引入其天敌，如捕食螨、瓢虫等，帮助控制害螨的数量。在害螨数量达到经济防治指标时，使用合适的化学药剂，如阿维菌素、氟虫腈等进行防治。

图14-6　害螨

14.2.4　苗木出圃

核桃容器大苗出圃是指幼苗从培育环境中移出，准备进行移栽到最终种植场地的过程。在这一过程中，需要注意多个环节，以确保苗木的成活率和后期生长。一般来说，核桃容器大苗最佳出圃时间为春季和秋季。春季在土壤解冻后，通常为3～4月；秋季则在落叶后，通常为10～11月。这两个时间段气温适宜，有助于苗木的成活。确保出圃前容器中的苗木得到充足的水分，维持良好的生长状态。在出圃时可进行适度修剪，去除病虫枝、干枯枝及交叉枝，促进后期生长。

14.3　核桃容器大苗高效建园关键技术

利用核桃容器大苗进行高效建园（图14-7）为核桃种植提供了一种高效、灵活的育苗和移植方式。它不仅有助于提高苗木的成活率和生长势，还为未来的丰产创造了更好的条件。随着这种技术的发展，越来越多的果农和农场开始应用该技术，以实现更高的经济收益。

图14-7　核桃容器大苗高效建园

14.3.1 园地选择

宜在背风地带建园，坡度≤20°，以土层深厚、土壤疏松透气、有机质含量高、排水良好、pH 6～7的中性至微酸性沙质壤土或壤土较为理想。建议土层深度为60～100cm。土壤无农药和化肥残留。

14.3.2 授粉树配置

核桃树的主要品种和适宜的授粉组合通常取决于品种的开花期和花粉特性。一般来说，核桃的授粉有自花授粉和异花授粉，不同品种间的授粉组合可以提高果实的坐果率和品质。

14.3.3 栽植技术

（1）确定合理栽植密度。纯核桃园和间作核桃园栽植密度可参考表14-2。

表14-2 核桃树栽植密度参考

	早熟品种株距×行距	晚熟品种株距×行距
纯核桃园	（3～4）m×（3～5）m	（6～8）m×（10～12）m
间作核桃园	（4～6）m×（6～8）m	（6～8）m×（10～12）m

（2）栽植时期。核桃容器大苗的最佳移栽时间通常是春季或秋季。早春土壤解冻后，温度逐渐回升，有助于苗木迅速恢复生长，适应新环境。秋末气温逐渐下降，苗木进入休眠状态，移栽后的适应压力较小，有利于根系的生长和扎根。

（3）栽植方法。栽植苗木之前，应先将混合好肥料的表土填入栽植穴内，然后按计划将栽植的品种苗放入穴内，舒展根系，边填土边踏实，使根系与土壤密接。同时校正苗木栽植位置，使株行整齐，苗木主干保持垂直。最后，进行培土，培土高度以保证疏松的土壤经浇水踏实下陷后，根颈高于地面5cm左右为宜。然后，打出树盘，充分灌水，待水下渗后用土封严。最后覆盖一块80cm×80cm

的地膜，地膜四周和苗木基部用土压严，以保墒增温，提高苗木的栽植成活率和苗木的生长量。

14.4　栽培管理技术

14.4.1　土肥水管理

14.4.1.1　土壤管理

核桃容器大苗移栽后的土壤管理对于苗木的生长和健康至关重要。良好的土壤管理不仅可以促进根系的生长，还能提高土壤的肥力和水分保持能力。核桃园土壤因受气候、人工机械和畜力等因素的影响，其物理、化学性质均会受到破坏，不利于核桃根系的生长发育。因此，针对土壤的不良质地和结构，采取相应的物理、化学措施，改善土壤性状，提高土壤肥力，调节土壤中空气、养分和水分的关系，对于稳定根系的生长环境有积极作用。可采取的措施包括翻耕熟化（深翻、浅翻）、园地间作（水平间作和立体间作）、覆盖生草、除草松土等。

14.4.1.2　施肥管理

核桃容器大苗移栽后，合理的施肥管理对于促进其健康生长、增强抗逆性和提高产量非常重要。

（1）施肥原则。基肥要早施，重施有机肥，追肥要恰当，薄肥勤施。

（2）施肥量。

①基肥。在移栽时，每株苗木可以施入腐熟有机肥（如厩肥、堆肥）5～10kg，确保苗木在初期有充足的营养支持。

②追肥。

第一次追肥（春季）：在苗木生长恢复期，每株施用氮磷钾复合肥（15-15-15或其他比例）100～200g。

第二次追肥（生长高峰期6月）：每株施用100～150g复合肥。

第三次追肥（8月）：每株施用100～150g复合肥。

（3）施肥时期。春季是核桃树生长的开始时期，需要充足的氮肥，以促进芽的萌发和新梢的生长。施肥量要大，施肥方式要深施，将氮肥均匀地撒在树冠范围内，翻耕入15～20cm深的土层中，然后浇水。

夏季是核桃树结果的关键时期，需要充足的磷、钾肥，以保证果实的膨大和品质。施肥量要适中，施肥要浅施，将磷、钾肥均匀地撒在树冠范围内，翻耕入5～10cm深的土层中，然后浇水。

秋季是核桃树生长的结束时期，需要施入少量的有机肥，以保证树体安全过冬。施肥量要少，施肥要表施，将有机肥均匀地撒在树冠范围内，覆盖一层土壤或秸秆，然后浇水。

14.4.1.3 水分管理

移栽核桃容器大苗后，水分管理至关重要，它直接影响到苗木的适应能力和后续生长。移栽后立即浇透水，确保土壤湿润到根部。这有助于消除移栽过程中产生的气泡，帮助根系更好地与土壤接触。初次浇水时要足量，以确保根系周围土壤均匀湿润。避免因浇水不均匀导致根部干旱或积水。在移栽后的前几个月，定期检查土壤湿度。通常每周浇水一次，干旱天气需增加浇水频率。应根据当地气候和土壤条件调整浇水计划。每次浇水应保证土壤湿润至根系深处，避免只在表面浇水。深层湿润有助于促进根系深扎。干燥时应及时浇水，湿润时应延长浇水间隔。确保土壤排水良好，避免水分积滞在根部周围。可以在土壤中加入有机物质或改良剂以提高排水性能。特别是在降水量大的季节，确保定植区域有良好的排水系统，避免积水导致根部窒息或病害。定期检查定植区域的地面情况，及时清除积水，保持土壤通气良好。避免过度浇水，确保土壤在每次浇水后能够有适当的干燥期。观察苗木的生长状况，如果出现叶片发黄、掉落等现象，可能是水分管理不当的信号。在生长季节（春夏），根据气温和湿度调整浇水频率，确保苗木能够获得充足的水分以支持生长。在秋冬季节，随着气温下降，核桃树的水分需要减少，应适当减少浇水频率，并注意防止冻结。

灌水时期应根据核桃对水分的需要及当地的水源条件、气候条件加以确定，一般应在萌芽前后、花芽分化前和果实采收后进行灌水。

14.4.2　整形修剪

核桃容器大苗已具备基本树形，移栽后只需保持原有树形即可，详见14.2.3.2。一般春季（3～4月）是修剪的最佳时机，树木刚开始活跃生长，有利于伤口愈合。夏季（6～7月）可以进行适度的修剪，尤其是对徒长枝的控制。在新梢生长旺盛时，适当去除徒长枝，保持树形美观。通过修剪，促使养分集中到结果枝，改善果实的发育状况。落叶后修剪，去掉枯死的枝条和病虫害残留物，确保树体安全过冬。

14.4.3　花果管理

在开花期间，适当控制水分和施肥，过多的氮肥可能会导致生长推迟而影响花果的形成。确保授粉有效，适时引入适宜的授粉品种，以提高坐果率。详见14.2.3.3。

14.4.4　病虫害防控

合理改良土壤，加大有机肥的施用量，有效促进核桃根系发育，提高核桃树抗病力。合理修剪，及时清理和剪除病枝、枯枝，刮除病皮，集中销毁。在核桃发芽前，可使用2～3波美度石硫合剂、2%宁南霉素500倍液或大蒜素500倍液预防，发病后将病斑刮掉，伤口处再涂3～5波美度石硫合剂。

具体病虫害防控技术见14.2.3.4。

主　要　参　考　文　献

邓煜，刘志峰，2000．温室容器育苗基质及苗木生长规律的研究［J］. 林业科学（5）：33-39.

杜华兵，杜婧，2014．容器育苗发展现状及趋势［J］. 山东林业科技，44（2）：116-119，126.

刘畅，2017．苹果容器大苗培育技术体系初步研发［D］. 泰安：山东农业大学.

刘勇，2000．我国苗木培育理论与技术进展［J］. 世界林业研究（5）：43-49.

马常耕，1994．世界容器苗研究、生产现状和我国发展对策［J］. 世界林业研究（5）：33-41.

缪旻珉，2024．果树栽培学［M］. 北京：科学出版社.

戚连忠，江传佳，2004．林木容器育苗研究综述［J］. 林业科技开发（4）：10-13.

王海松，王越，2020．果树容器育苗栽培中智能灌溉模型的研究与应用［J］. 果树资源学报（6）：60-62.

许飞，刘勇，李国雷，等，2013．我国容器苗造林技术研究进展［J］. 世界林业研究，26（1）：64-68.

张大双，2013．容器育苗技术在林业生产中的应用研究［J］. 农业与技术，33（5）：56.

张玉星，2003．果树栽培学各论：北方本［M］. 3版. 北京：中国农业出版社.

张玉星，2011．果树栽培学总论［M］. 4版. 北京：中国农业出版社.